用于国家职业技能鉴定
国家职业资格培训教程

YONGYU GUOJIA ZHIYE JINENG JIANDING • GUOJIA ZHIYE ZIGE PEIXUN JIAOCHENG

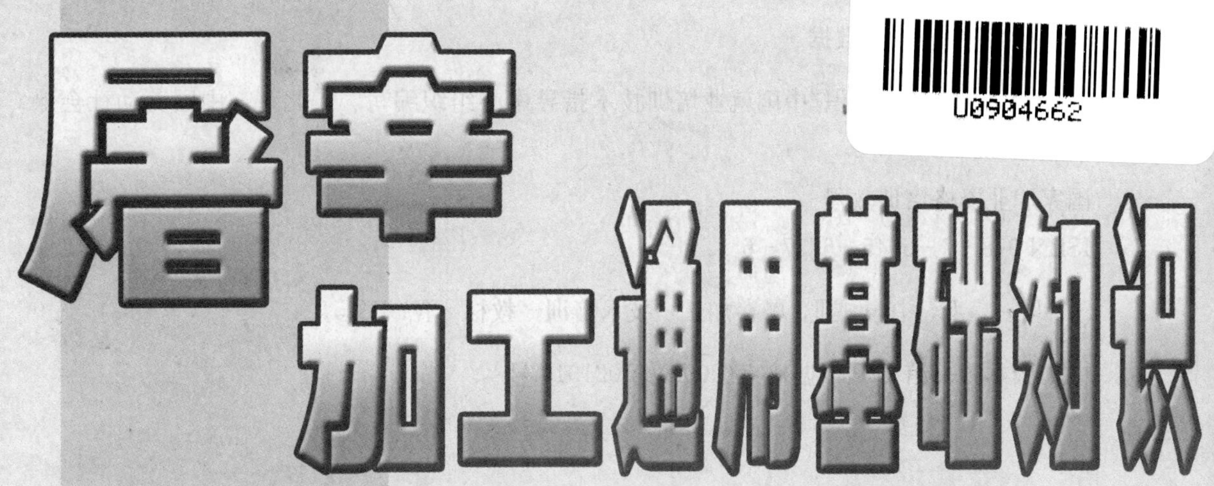

屠宰加工通用基础知识

编审委员会

主　任　刘　康
副主任　陈李翔　原淑炜
委　员　李兴民　郭红蕾　邓富江　王绪茂　南庆贤
戴瑞彤　王守伟　薛元力　张原飞　王玉芬
刘静明　张志鹏　陈　蕾　张　伟　李　克

本书编审人员

主　编　李兴民
编　者　王　飞　张萍萍　江玉霞　刘　毅　闫文杰
戴瑞彤　甄少波　周希萌
主　审　郭红蕾
审　稿　邓富江　王绪茂　南庆贤　王英若　刘国庆
王守伟　薛元力　张原飞　王玉芬　刘静明
张志鹏　薛　滔

中国劳动社会保障出版社

图书在版编目(CIP)数据

屠宰加工通用基础知识/中国就业培训技术指导中心组织编写. —北京：中国劳动社会保障出版社，2008

国家职业资格培训教程

ISBN 978-7-5045-6737-6

Ⅰ. 屠… Ⅱ. 中… Ⅲ. 屠宰加工-技术培训-教材 Ⅳ. TS251.4

中国版本图书馆 CIP 数据核字(2008)第 021919 号

中国劳动社会保障出版社出版发行

(北京市惠新东街 1 号 邮政编码：100029)

出 版 人：张梦欣

*

北京鑫正大印刷有限公司印刷装订 新华书店经销

787 毫米×1092 毫米 16 开本 11.75 印张 174 千字

2008 年 2 月第 1 版 2008 年 2 月第 1 次印刷

定价：22.00 元

读者服务部电话：010-64929211

发行部电话：010-64927085

出版社网址：http：//www.class.com.cn

前　言

为推动猪屠宰加工工、牛羊屠宰加工工、禽类屠宰加工工职业培训和职业技能鉴定工作的开展，在屠宰加工从业人员中推行国家职业资格证书制度，中国就业培训技术指导中心在完成猪屠宰加工工、牛羊屠宰加工工、禽类屠宰加工工3个职业《国家职业标准》（以下简称《标准》）制定工作的基础上，组织参加《标准》编写和审定的专家及其他有关专家，编写了3个职业的《国家职业资格培训教程》（以下简称《教程》）。

《教程》紧贴《标准》，内容上，力求体现"以职业活动为导向，以职业能力为核心"的指导思想，突出职业培训特色；结构上，针对职业活动的领域，按照模块化的方式，分级别进行编写。《教程》的基础知识部分内容涵盖《标准》的"基本要求"；技能部分的章对应于《标准》的"职业功能"，节对应于《标准》的"工作内容"，节中阐述的内容对应于《标准》的"技能要求"和"相关知识"。

《国家职业资格培训教程——屠宰加工通用基础知识》适用于对3个职业各个级别的培训，是职业技能鉴定的推荐辅导用书。

本书在编写过程中得到了中国肉类食品综合研究中心、中国农业大学食品科学与营养工程学院、北京客立多科技有限公司、北京大兴今日阳光职业技能培训学校等单位的大力支持与协助，在此一并表示衷心的感谢。

由于时间仓促，不足之处在所难免，欢迎读者提出宝贵意见和建议。

中国就业培训技术指导中心

目　录

CONTENTS 《国家职业资格培训教程》

第一章 职业道德

第 1 节 职 业 道 德

职业道德是人们在特定的职业活动中所应遵循的行为规范的总和，职业道德是整个社会道德体系中的重要组成部分。在社会主义社会，职业道德是社会主义道德原则在职业生活和职业关系中的具体体现。

随着人类的进步和社会的发展，社会分工也越来越细。随着各种职业分工日益增多，人与人的职业关系也越来越密切。随着社会分工不断细化，社会上分划出众多的不同社会职业，同时也产生了不同行业的道德规范。不同的职业道德规范，体现了本行业特殊的、调节人们利益关系的要求。各行各业的职业活动都有自己的客观规律，为维护行业生存与发展的利益，就必须有体现行业内在要求的职业道德规范。如教师的“为人师表”，医生的“救死扶伤”，公务员的“公正廉洁”，商业从业人员的“货真价实，公平交易”等都是行业职业道德的具体要求。职业道德不仅调节本行业与其他社会行业与顾客之间的关系，还调节行业内部人员之间相互的利益关系。

在社会主义道德建设中，特别要强调加强职业道德建设。这是因为：

一、职业道德覆盖面广、影响力大

职业道德在范围上覆盖所有从事职业活动的人们。任何人到了一定的年龄，都要就业工作，而所工作的行业又覆盖全社会，这就决定了职业道德有广泛性、多样性、实践性、具体性的特点。对人的道德素质起决定性作用。因此，职业道德的教育和建设是整个社会的系统工程。

一个人从出生开始，经历着家庭、学校、社会等各种途径的道德教育，对道德概念和内容已经具备了一定的认识和了解，逐步形成了道德情感、情操和信念，也初步形成了自己的人格特征，人的一生中绝大部分时间从事着职业活动，而道德品质主要是在走向社会、从事职业之后，在职业活动的实践中成熟和发展的。因此，接受职业道德教育几乎是一种“终身教育”。在这个过程中，不仅要继承世代相传的优良职业传统，而且随着时代的发展还要不断地充实新的内容，最终形成稳定的职业心理、职业习惯。

二、职业道德与社会生活关系密切

凡生活在社会中的人，不可能不与社会和他人接触。其中最频繁的就是每一个人都必须与社会上的各种职业活动打交道。“人人为我，我为人人”，意思就是每个人都从事一种职业，为他人服务，同时也接受其他各行各业所提供的服务。人们与职业活动的接触渠道很多，衣食住行无一不与有关职业接触。走出家门，就会感受到保洁人员打扫后的干净街面；坐车时会接受司售人员的服务；购物时也会碰到商品质量、购物环境、劳务服务等问题。这些都涉及各行各业的职业道德是否良好的问题。

职业道德具有传递感染性。某一种职业活动或职业道德可以通过各种途径传递到另一个职业或许许多多职业中去，引起多种多样的连锁反应，会给整个社会带来影响，例如，坐公共汽车遇到司售人员的恶劣服务，被服务的人在自己的职业活动中，就可能把坐公共汽车时受到的“气”设法宣泄出去。如果是服务员，就可能把“气”撒到顾客身上，如果顾客是医务人员，又可能会把“气”宣泄到病人身上。如此恶性循环，会影响整个社会风气。职业道德关系到社会稳定和人际关系的和谐，对社会精神文明建设有极大的促进作用。因此，要加强社会服务部门的职业道德建设，反对和纠正带有行业特点的不正之风，就要树立人人都是服务对象、人人都为他人服务的思想，努力提高服务质量，改善服务态度。提高服务质量的核心是加强职业道德建设，只有具备良好的职业道德，才可能有持久的、良好的服务质量。因此，搞好职业道德建设，对促进社会主义精神文明建设具有无法替代的积极作用。

三、加强职业道德建设，能促进社会主义市场经济正常发展

发展社会主义市场经济的目的在于最大限度地满足人民日益增长的物质和文化生活的需要。通过改革开放的实践，社会主义市场经济发展了，虽然还有很多不尽如人意的地方，但有更多令人满意的，如生活水平提高了，市场货源充足了。出现这种巨变的重要原因之一，就是引进了市场竞争机制，打破了“大锅饭”的经济模式。市场经济迫使人们必须注意提高产品质量，讲究信誉，因而有力地促进了“质量第一，信誉至上”的职业道德观念的形成。在改革“大锅饭”体制和发展市场经济过程中，经济责任制和按劳分配的付诸实施，有力地促进了从业人员学习技术、爱岗敬业的积极性，同时培养了从业人员的工作责任心，强化了职业道德对生产和经营的促进作用。市场竞争机制，要求有高质量的产品和优良的服务，并接受市场检验。只有那些具有高质量服务的企业，才能脱颖而出，成为有效益的企业。高质量的服务源于高素质的职工队伍，源于队伍中良好的技术业务素质和良好的职业道德。职业道德的核心是为人民服务，具体到一个行业，就是要创造出顾客信得过的产品和满意的服务。这种高质量只能体现在职工努力做好各自岗位的工作，又发挥出团结协作的团队精神上面。这些正是职业道德要求做到的内容，因此，社会主义市场经济的发展，有力地促进了职业道德建设的进一步发展。

四、良好的职业道德，能创造良好的经济效益

道德的基础是利益。职业道德在调节人们利益过程中，并不排斥个人合法利益的获取。中国传统道德中也不排斥个人合法利益。企业应把消费者的利益放在第一位，企业生产的产品，把消费者的使用安全、货真价实当己任，真正做到以人为本，企业才能有信誉。如果一个企业在经营指导思想上不是首先想着为顾客服务，缺乏良好的职业道德，投机取巧，坑害顾客，可以肯定这样的企业在公众目光中不会有良好的形象，自然不可能长久地创造效益。从这个意义上讲，良好的职业道德能产生良好的经济效益，能够有力地保障个人的合法利益。对个人来说，没有企业这个大舞台，无论有怎样的才能，都难有用武之地。企业要重视、

爱护和尊重人才，为人才的成长提供最佳的环境及机会；同时，员工个人应有全局观，并能用发展的眼光看问题，也要有一颗平常心。如果总想着个人利益，这样对企业不利，对个人更不利，甚至会断送自己的前程。所以，良好的职业道德，应是企业与员工的共同追求。

社会主义市场经济需要职业道德，职业道德也需要市场经济的舞台，两者的目标完全一致。发展市场经济的目标是达到民富国强，加强职业道德建设是为了促进市场经济的发展。从根本上说，加强职业道德建设是发展市场经济的内在的客观要求。职业道德建设不好，市场经济的发展就会受到影响。

第 2 节　屠宰加工工的职业守则

屠宰加工工的职业守则包含以下几个方面的内容：

一、遵纪守法，讲究公德

从业人员遵纪守法是职业活动正常进行的基本保证，也是发展社会主义市场经济的客观要求，它直接关系到企业的发展和个人的前途，关系到社会精神文明的进步和社会主义现代化建设的顺利进行。遵纪守法作为社会主义职业道德的一条重要规范，是对从业人员的基本要求。从业人员应培养法制观念，自觉遵纪守法，以保证社会活动有序进行，生产正常运转。

所谓遵纪守法指的是每个从业人员都要遵守纪律和法律，尤其要遵守职业纪律和与职业活动相关的法律法规。纪律是一种行为规范，它要求人们在社会生活中遵守秩序、执行命令和履行自己的职责。它是调整个人与他人、个人与集体、个人与社会等关系的主要方式。职业纪律一般用规章制度的形式公布于众。例如，遵守劳动纪律、服务纪律、操作规范、操作程序、履行本岗位职责、执行企业要求做到的各项规定等。社会主义纪律是强制性和自觉性的统一。它要求人们选择符合人民利益的行为，禁止危害人民利益的行为。违反纪律当然要受到相应的处分、罚款、警告、记过、撤职、留单位察看甚至除名等。法律则是国家强制力保证其实施的行为规范，每个公民、每个从业人员都必须履行法律的义务，一旦有行为越过了法律设定的界限，就会受到强制性的惩罚。目前已颁布的与屠宰加工业有关的法律，主要有《生猪屠宰管理条例》《动物防疫法》《企业法》《产品质量法》《计量法》《食品卫生法》《消费者权益保护法》《动物保护法》《商标法》《环境卫生保护法》等，这些法律和规定，反映了人民的意愿，也体现了国家的意志。

遵纪守法是每个公民的基本义务，也是对每个从业人员的最基本要求。能否遵纪守法，是衡量职业道德好坏的重要标志。一个具有社会主义职业道德的劳动者，首先应该是一个奉公守法的公民。

二、尽职尽责，爱岗敬业

尽职尽责的关键是"尽"。尽就是要求用最大的努力，克服困难去完成职责。尽职尽责的反面是玩忽职守，这种作风表现为不把工作当回事，不把责任放在心上，在工作中马马虎虎，三心二意，或者干脆消极怠工，偷懒耍滑，不遵守纪律。显然，这些人不热爱自己的工作岗位，缺乏对人民、国家、集体的负责精神，必然会造成工作损失和对他人利益的损害。

爱岗敬业，作为最基本的职业道德规范，是对人们工作态度的一种普遍要求。爱岗就是热爱自己的工作岗位，热爱本职工作；敬业就是要用一种恭敬严肃的态度对待自己的工作。社会主义职业道德所提倡的敬业是指投身于社会主义事业，把有限的生命投入到无限的为人民服务中去，是爱岗敬业的最高要求。爱岗敬业的员工，应该具有强烈的责任心，能全身心地投入工作，发扬艰苦奋斗和勤俭办事业的精神。责任心来自对岗位职责的深刻理解，对自我人格尊严的珍惜，无论干什么工作，必须把它做好。只有全身心地投入工作，才能发挥出人的潜能，才能把工作做好，并不断创新，以求得更好。只有投入了才会有收获，并能在其中享受到工作的快乐，就会形成"投入"与"获得"的良性循环。随着社会的进步和经济的发展，各种物质十分充裕，但对于每一位员工仍要发扬艰苦奋斗和勤俭办事业的精神。

任何一种道德都要求从一定的社会责任出发，在履行自己对社会责任的过程中，培养社会责任感，同时培养好的职业习惯和道德良心、情操。因此，职业道德要从尽职尽责，爱岗敬业开始，把自己的心血全部用到自己从事的职业中去，能够把自己的职业当做自己生命的一部分。

三、讲究质量，注重信誉

在现代市场经济社会中，讲究质量，注重信誉是诚信意识的具体体现。维护诚信、维护可以预期的交易远景，是现代市场的生命。建设“守信为荣、失信为耻、无信为忧”的社会环境，培育“讲信用、守信用、用信用”的社会氛围，普及信用知识，传播诚信文化，提高守信维权意识，监督抵制失信行为，这些都必将有助于把我国建设成社会诚信体系健全、发达的国家。

职业不仅是一个人安身立命的基础，也是为国家、集体和他人谋利益、作贡献的基本途径，因此，一个人能否精通本职业的业务，是做好本职工作的关键，也是衡量一个人为国家、集体和他人作多大贡献的一个重要尺度。讲究质量，注重信誉是屠宰行业从业人员职业道德的一项重要内容。

屠宰行业从业人员在生产过程中，一定要遵守《食品卫生法》《产品质量法》《计量法》等国家强制性法规，而且还要遵守本企业制定的规章制度和企业标准，严格按操作规程执行，每道工序严把质量关，杜绝以次充好、粗制滥造，不合乎人们卫生及健康的生肉制品绝不能出厂。如果为了一己之利，侵害消费者的利益，明知故犯，则是不道德的行为。

质量和信誉是相互关联的，共同构建了一个企业的生命力。只有讲究质量，注重信誉的企业才能被消费者认可，才能得以长远发展。

四、相互尊敬，团结协作

职业道德既是调节个人与国家、集体、他人的利益关系，也是调节行业和企业内部人与人之间关系的基本规范，它要求以集体主义精神为指导，进行行业和企业内部的团结协作，并以此建立社会主义新型的人际关系。

当代社会，每个人都可以，也应当合法地去追求自己的利益，但同时也要对他人和社会负责。有的时候，履行道德义务不能仅仅靠合同、靠契约、靠交换，而且要依靠人的情感和关心。经过 2003 年“非典”的考验，人们对追求文明健康科学生活方式的愿望更加强烈。将这种爱心扩大，给弱势群体以社会援助，通过关爱、慈善、照料来帮助他们，这也是增进人类福利的一个不可或缺的因素。人们有义务相互提供关怀与照料。

团结协作还表现在工作中的相互支持与配合上。屠宰过程是由一道道工序组成的完整的生产线，上一道工序要为下一道工序做准备，提供方便。只有相互配合和协作，才能完成任务。

相互配合，还包括互敬互学，共同提高的要求。现代企业中，质量的要求不是一个岗位做好了，就能达到规范标准。只有每一个岗位都按标准执行，才能保证质量。因此，团结协作是一种团队精神，是社会主义集体主义的具体体现，是职业道德的重要内容。

五、积极进取，开拓创新

人类社会是依靠一代代先进分子的进取和创新精神，才得以不断地向前发展。凡是推动历史前进的进取、创新，都是良好的道德行为。

建设具有中国特色的社会主义是前所未有的伟大而艰巨的事业。摒弃僵化、因循守旧的思想作风，树立勇于开拓创新和敢于竞争的精神，是历史赋予我们的任务之一。

开拓创新精神的确立依赖于知识和人才，依赖于积极参与市场竞争的实践。竞争是在利益驱动下，为扩大市场占有率，强化企业经营的能力。竞争推动了开拓和创新精神的发扬，调动了人们的聪明才智和企业的积极性，推动了社会生产力水平的不断提高和科学技术的进步。从这个意义上讲，竞争是符合人类根本利益的行为，因而也是道德行为。这种道德行为表现在对国家、对集体，尤其是对他人（消费者）有利。竞争的实质是人才和知识的竞争，是劳动生产率的较量。这一较量的结果，无疑可以大大促进社会生产力的快速发展。

知识经济时代，知识是推动行业发展的动力之一。作为屠宰加工业的从业人员，要不断地积累知识，更新知识，以适应肉制品加工业对原料不断更新发展的需要，适应企业竞争、人才竞争的市场需要。

第二章
畜禽的基本知识

第 1 节　畜禽的品种

中国的畜牧业历史悠久，养禽产蛋在我国已经有数千年的历史，马、牛、羊、鸡、狗、猪已成为家养畜禽，到现在人们仍把畜牧业的发展称为“六畜兴旺”，我国畜禽的种类很多，有猪、牛、羊、兔、鸡、鸭、鹅、马、骡、驴、骆驼以及野生畜禽类等。一般来说，这些畜禽肉均可食用，但限于生产数量和食用习惯，其中消费量最多的是猪、牛、羊、鸡、鸭，以猪肉所占比重最大。由于我国各地自然生态条件的差异、社会、经济和文化的发展不同，在漫长的人类社会发展过程中，各家畜、家禽形成了多个地方品种，本章将介绍主要畜禽的品种。

一、猪的品种

中国产猪地区分布很广，各省市、自治区均有饲养，其中产量最多的省有四川、湖北、江苏、广东、山东、湖南、云南、浙江、河南、安徽、河北、江西、广西壮族自治区，约占全国养猪量的 80%。四川省产量最多，居全国首位，其次是湖南、江苏两省。中国是世界上养猪最多的国家，至 20 世纪 70 年代，猪肉占到我国肉类总量的 95%，虽然现在所占比例有所下降，但仍为我国最主要的肉用畜种。我国作为世界上第一养猪大国和猪肉生产大国，存栏猪超过了 4 亿头，几乎占全世界的一半。虽然猪的用途近年来有所扩大，如作为实验动物、宠物和提炼生化药物等，然而，猪的用途仍以肉用为主。

1. 猪的经济类型

猪的品种约有 100 多种，按其经济类型大致可分为脂肪型、腌肉型和鲜肉型三种。这是根据人们对脂肪的需求差异，不同地区供给猪的饲料特点、加工、用途不同，经过长期不同导向的选育而形成的，是品种向专门化方向发展的产物。

(1) 脂肪型。这类猪的胴体能提供较多的脂肪。外形特点是体躯宽、深而不长，全身肥满，头颈较重，四肢短。体长与胸围相比不超过 2～3 cm，皮下脂肪 4 cm 以上。过去国外养猪业以产脂肪为重点，多培育脂肪型猪，近些年来由于人们需要瘦肉多，都以肉用型代替了过去的脂肪型。如丹麦产的肉用型猪，瘦肉率高达 70%。

(2) 腌肉型。这类猪肉以生产腌肉为主，外形特点与脂肪型相反，中躯较长，体长往往大于胸围 15 cm 以上，背线与腹线平直，头颈部轻而肉少，前后肢间距宽，躯干较深，腹部较大。背膘较薄约为 1.5～3.5 cm。脂肪坚实，腿臀部丰满，瘦肉多，胸腹肉特别发达。腌肉型猪在欧洲以牛乳的副产品、豌豆、大麦、燕麦、黑麦和根类作物作为饲料较普遍。这些饲料与玉米相比，不易沉积脂肪，可以生产腌肉型瘦肉。如丹麦的长白猪、英国的大约克夏猪等。

(3) 鲜肉型。这类猪以供鲜肉为主，是介于脂肪型和腌肉型中间的类型，肥育期间不沉积过多的脂肪。背膘不过厚，体质坚实，背线有时呈弓形，颈短、体躯不长而稍宽，背腰厚，腿臀发达，肌肉组织致密，腹较紧，脂肪少。如改良后的杜克夏、汉普夏等均属此种类型。

2. 中国地方猪种类型的划分

中国幅员辽阔，加上各地区农业生产条件和耕作制度的差异以及社会经济条件的不同。为不同类型猪种的形成提供了条件，经过长期的选育已形成了许多优良的猪种。根据猪种的起源、生产性能和外形的特点，结合当地的自然环境，农业生产和饲养条件，我国的猪种大致可分为六个类型。

(1) 华北型。华北型猪分布最广，主要在淮河、秦岭以北，包括东北、华北、内蒙古自治区、新疆维吾尔族自治区、宁夏回族自治区以及陕西、湖北、安徽、江苏四省的北部地区。这些地区一般气候寒冷、干燥，青绿饲料不太丰足，饲养较粗放，有的地区过去养猪多采用放牧或与圈养相结合，喂猪的粗饲料比例较高。由于气候干燥、日光充足、土壤中磷、钙等矿物质较多，加上牧放时的充分运动，因而，猪的体质健壮，骨骼发达，体躯较大，四肢粗壮，背腰狭窄，大腿不够充实。头较平直，嘴筒长，便于掘地采食；耳较大，额间多纵行皱纹。为适应严寒的气候，皮厚多皱褶，毛粗密，鬃毛发达，冬季生一层棕红色的绒毛。

华北猪生长较慢，一般 12 个月才达 100 kg 以上。由于多采用牧放和吊架子方式，前期增重较慢，但后期的育肥期增重很快。其脂肪积累在育肥的后期，一般膘不厚，但板油较多，瘦肉量大，肉味香浓。近几年来，由于大型华北猪成熟慢、饲料消耗大，存栏量已趋于减少。

（2）华南型。主要分布在云南省的西南和南部边缘，广西壮族自治区、广东省的偏南大部分地区以及福建省的东南部地区。这个分布区位于亚热带，雨量充沛，气候均衡。饲料丰富，以青绿多汁饲料较多。猪终年可以获得营养丰富的青绿多汁的饲料，且生活在温暖潮湿的环境，新陈代谢旺盛，形成了早熟、疏松体质，且易于积累脂肪。

华南型猪一般体躯较短、矮、宽圆、肥、皮薄毛稀，鬃毛短少。外形呈背腰宽阔，腹多下垂，臀部丰圆，四肢开阔且粗短多肉，头较短小，面稍凹，额有横行皱纹。

华南型猪早期生长发育快，肥育脂化早，早期易肥，肉质细致，体重约为 75～90 kg，屠宰率平均可达 70%左右，膘厚 4～6 cm。

（3）华中型。主要分布于长江和珠江三角洲间的广大地区，由于分布区属于亚热带，气候温暖，雨量充足，自然条件较好。粮食作物以水稻为主，青饲料、多汁性饲料较丰富，饲料中含蛋白质较多，有利于猪的生长发育。

华中型猪的体型基本与华南型猪相似，体质较疏松，早熟。背较宽、骨骼较细，背腰多下凹，四肢较短，腹大下垂，体躯较华南型猪大，额部多有横纹，被毛稀疏，肉质细致。生长较快，成熟早。如浙江金华猪、广东大白花猪、湖南宁乡猪、湖北监利猪等。

（4）江海型。主要分布于汉水和长江中下游和沿海平原地区。这一地区的自然条件属于自然交错地带，人口较密，工业发达，交通便利；气候温和，雨量充沛，土质肥沃，是稻麦三熟地区，其他作物以甘薯、玉米、豆类等较为普遍，青粗多汁饲料较丰富，因此猪种混杂，交通方便的长江下游和沿海地区最为突出，所以此地区产的猪叫江海型，又称华北、华中过渡型。

猪的外形特征介于华北型、华中型之间，额较宽，皱纹深且多呈菱角形，耳长、大而下垂，皮薄而多有皱纹，成熟早，小型 6 个月可达 60 kg 以上，大型可达 100 kg，屠宰率达 70%左右。如太湖流域的太湖猪、浙江虹桥猪、上海枫泾猪等均属这一类型。

(5) 西南型。主要分布在云贵高原和四川盆地。云贵高原的气候特点，西部冬暖夏凉，四季如春；东部气候较湿润，阴雨较多。四川盆地四周多山，盆地内丘陵广布，气候具有春早、夏热、秋雨、冬暖的特征，有利于作物生长，是稻麦的重要产区。青饲料有甘薯藤、菜叶等，多汁饲料有蚕豆、南瓜、胡萝卜等，精饲料有玉米、米糠、麸皮等。

西南地区由于气候、饲料条件基本相同，饲料条件基本相同，碳水化合物的饲料多，故西南地区猪种的体质外形基本相同。腿较粗短、额部多旋毛或横行皱纹。毛以全黑和“六白”较多。如荣昌猪、内江猪、成华猪、雅安猪等。

(6) 高原型。主要分布于青藏高原。青藏高原地区由于气候寒冷，养猪较少。一般多集中在海拔较低的草原和河谷地带的牧区和半农牧区。高原猪属于小型晚熟种，长期牧放奔走，因此体型小、紧凑，四肢发达，背窄而微弓，腹紧，臀部斜；为了适应高原干寒的气候条件，皮较厚，毛密长，鬃毛发达且富有弹性。

3. 国内培育的新品种

(1) 新金猪。如图 2—1、图 2—2 所示。原产于辽宁省旅大市金县和新金县，是以英国巴克夏猪与当地猪在长期杂交改良下培育成的，已推广到河北、山东、吉林等省。体型中等，体质健壮，生长快。外形特征是面凹，背腰宽平，胸宽深，具有全黑六点白的特征，屠宰率较高，达 75%左右，背膘厚，达 3.5 cm 以上，皮薄、肉质良好。

(2) 上海白猪。如图 2—3、图 2—4 所示。上海白猪是上海本地猪与英国约克夏猪和苏联大白猪长期杂交培育形成的。体型中等，被毛全白。瘦肉占胴体比例达 50%左右，皮薄肉嫩，深受国内外市场欢迎。

(3) 哈尔滨白猪。如图 2—5、图 2—6 所示。哈尔滨白猪分布于哈尔滨市及其周围各县。属于大型肉脂兼用型品种。被毛白，面稍凹，背腰平直，腹不下垂，腿臀丰满，四肢健壮，膘肥肉厚，肉质良好。

图 2—1　新金猪（公）

图 2—2　新金猪（母）

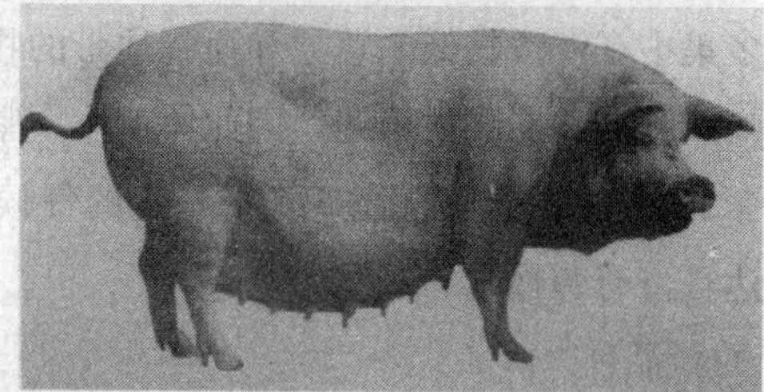

图 2—3　上海白猪（母）

图 2—4　上海白猪（公）

（4）其他培育品种。三江白猪，如图 2—7、图 2—8 所示。产于黑龙江省三江平原地区，由含有本地猪种（太湖猪、浦东白猪）、中约克猪、

图 2—5　哈尔滨白猪（公）

图 2—6　哈尔滨白猪（母）

图 2—7　三江白猪（公）

图 2—8　三江白猪（母）

苏联大白猪、德国白猪和杜洛克猪血统的杂种猪群进行横交固定，品系繁育等培育阶段而育成。

浙江中白猪，产于浙江省德清县，分布在湖州、杭州、宁波、金华、巨州等市及台州、舟山等地区。用长白公猪与［中约克夏猪（公）×金华猪（母）的杂种母猪］杂交培育而成。

湖北白猪，如图 2—9 所示。产于湖北武昌、汉口，分布省内半数的县，系大白猪与（长白猪×本地猪）杂交培育而成。

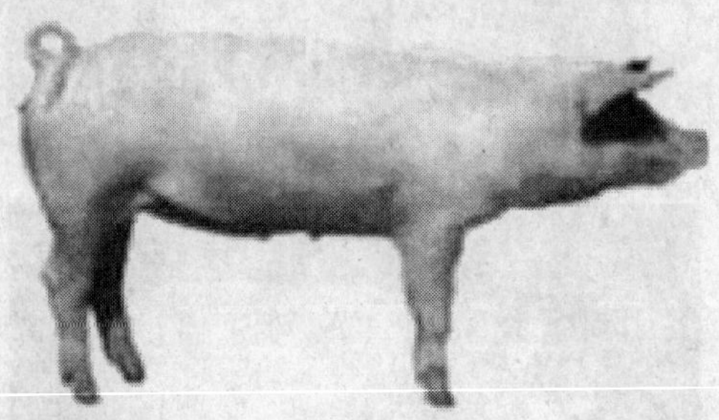

图 2—9 湖北白猪

汉中白猪，如图 2—10、图 2—11 所示。产于陕西省汉中地区，分布在汉中市、勉县、南郑、城固等县（市）。以苏联大白猪与（巴克夏猪×汉江黑猪）杂交培育而成。

图 2—10 汉中白猪（公）

图 2—11 汉中白猪（母）

新淮猪，如图 2—12、图 2—13 所示。产于江苏省淮阴地区，用大约克夏猪与当地淮猪进行正、反杂交，一代杂种横交固定，选育而成。

北京黑猪，如图 2—14、图 2—15 所示。产于北京市北郊农场和双桥

图 2—12　新淮猪（公）

图 2—13　新淮猪（母）

图 2—14　北京黑猪（公）

图 2—15　北京黑猪（母）

农场，分布在京郊各区、县。先后用引进巴克夏猪、约克夏猪、苏联大白猪和高加索猪等与当地黑猪杂交培育而成。

4. 世界猪种

世界猪种以大白猪和长白猪在各国分布最广，其次是杜洛克、汉普夏等瘦肉型猪种亦有较广的分布，各国多以这些猪种直接或杂交或用于培育专门化品系生产商品猪。现介绍世界上几个著名的猪种。

(1) 大约克夏猪（Large Yorkshire）。如图 2—16、图 2—17 所示。大约克夏猪又称大白猪（Large White），产于英国，原分为大、中、小三型，小型为脂肪型，中型为肉脂兼用型，大型为瘦肉型。目前大约克夏猪是世界上数量最多、分布最广的猪种。丹麦种猪测定站在 1983—1984 年度对 670 头猪测定结果为：25～95 kg 体重的平均日增重为 914 g，料重比为 2.44，胴体瘦肉率为 65.2%，肉质（KK）指数为 6.69。据我国天津市武清县种猪场测定，加系大白猪增重 700 g 以上，料重比为 2.8，胴体瘦肉率为 65.56%，腿臀比例为 34%～35%。

图 2—16　大约克夏猪（公）

图 2—17　大约克夏猪（母）

大白猪具有强抗应激能力，氟烷测验结果，阳性发生率均为零，仅荷兰约克夏出现 3%。其发生 PSE 肉的频率亦很低，肉质较好。

（2）长白猪（Landrace）。如图 2—18 所示。长白猪产于丹麦，是世界著名瘦肉型品种。许多国家从丹麦引进长白猪，结合本国的自然条件和经济条件，进行长期选育，育成本国的猪种，如法国、德国、瑞典、荷兰、加拿大、日本等国都有各自的长白猪。

图 2—18 长白猪

肥育猪增重快、瘦肉率高，据丹麦 1983—1984 年度测定，日增重为 793 g，料重比为 2.68，胴体瘦肉率为 65.3%，肉质（KK）指数为 7.21。据天津市宁河猪场对引进丹麦长白猪测定，在 20～90 kg 体重阶段，平均日增重为 724.3 g，料重比为 2.8。90 kg 体重屠宰率为 75.3%，瘦肉率为 65.09%。

（3）杜洛克猪（Duroc）。如图 2—19 所示。杜洛克猪产于美国，原为脂肪型猪种，20 世纪 50 年代开始逐渐转型，成为瘦肉型猪种。

图 2—19 杜洛克猪

杜洛克猪毛色为红棕色，153 日龄体重可达 90 kg，料重比为 2.91。据美国的中心实验站测定，达 100～104 kg 体重时，平均日增重为 1 039 g，料重比为 2.51；据河南正阳猪场测定，在 22～90 kg 体重阶段，平均日增重为 685.69 g，料重比为 2.81。90 kg 体重屠宰率为 73.98%，背膘厚 2.46 cm，眼肌面积为 31.99 cm^2，后腿比例为 32.67%，胴体瘦肉率为 63.21%。杜洛克猪的肉质好，肉色、pH 值等均在正常肉质指标范围内。肌肉中含粗脂肪 2%～4%，粗蛋白质 22%左右。

杜洛克猪抗应激能力强，氟烷测验阳性反应发生率为零，未发现

PSE 肉（Pale，Soft，Exudative）发生。

（4）汉普夏猪（Hampshire）。如图 2—20 所示。汉普夏猪产于美国，是瘦肉型猪种。毛色为黑色，在肩和前肢环绕一条白色带。

汉普夏猪前期增重较慢。平均日增重达 726 g，屠宰率为 73.05%，最后肋膘厚为 2.77 cm，肌内脂肪为 2.59%。据测氟烷阳性反应率为 2%左右，较少发生 PSE 肉。

图 2—20　汉普夏猪

（5）巴克夏猪（Berkshire）。如图 2—21、图 2—22 所示。巴克夏猪产于英国，原属脂肪型猪，现已转向为肉用型猪。毛色有“六白”特征，即四肢下部、鼻端和尾帚带有白毛，其余为黑毛。据 1990 年世界养猪展览会测定，平均日增重为 738 g，屠宰率为 73.86%，最后肋膘厚为 2.87 cm，腰肌内脂肪为 2.70%。

图 2—21　巴克夏猪（公）

巴克夏猪的肉质优良，几乎不发生 PSE 肉。据测其持水力、脂肪熔点均高于大白、长白、杜洛克、汉普夏等猪种，肉色呈“樱花色”，为适度红色。背最长肌和股二头肌部分的显味成分游离中性糖和游离氨基酸含量均显著地高于其他品种，具有“甜味”；游离氨基酸中肌肽含量特别高，这是一种具有牡蛎鲜味的主要成分。肌肉中胶原含量低于其他品种，肉质较嫩。

图 2—22 巴克夏猪（母）

二、牛的品种

牛的用途较为广泛，根据用途不同，可分为肉用型、乳用型、役用型和兼用型。肉用型是以产肉为主要用途的牛，也称“肉牛”；乳用型是以产乳为主要用途的牛，也称“乳牛”；役用型是以役用为主要用途的牛，也称“耕牛”或“役用牛”；兼用型是兼有以上两种用途的牛，如乳肉兼用型，既能作为产乳用，又能作为产肉用，兼用型还包括乳役兼用和役肉兼用。

世界比较优良的品种有海福特牛（英国）、夏洛来牛（法国）、利木赞牛（法国）、安格斯牛（英国）、西门塔尔牛（瑞士）、短角牛（英国）、和牛（日本）。

我国至今尚没有专门化的肉牛品种，但我国有 1 亿多头黄牛，这些牛现在大都向乳肉兼用、肉役兼用和专门肉用的方向发展，大量的试验和生产实践表明黄牛具有很好的肉用性能，是我国肉牛产业的品种基础。另外，我国还有大量的水牛和牦牛也可作为役肉兼用牛。

中国肉用牛和役用牛很难严格区分，因为一般大型役用牛也是良好的肉用牛，如秦川牛。

目前我国牛肉的主要来源，大致可分为牧区、山区的肉用牛和农业区的残老牛。牧区主要包括内蒙古、新疆、青海、甘肃四个省，山区肉用牛主要产于华南和西北的山区，如广东、广西、四川、云南、贵州五个省，农业区的残老牛主要来源是河南、山东、山西、河北、陕西五个省。

1. 我国肉用牛的品种

我国肉用牛的主要品种是黄牛，其分布最广，各省均有饲养。黄牛约占总头数的70%以上，余者为水牛。黄牛的主要产区是内蒙古自治区和西北各省，品种也有很大差异。

(1) 蒙古牛。如图2—23所示。蒙古牛是我国分布较广、头数最多的优良品种，原产于内蒙古兴安岭的东西两麓，主要分布在内蒙古自治区，以及华北北部、东北西部和西北一带的牧区和半农牧区。其中以内蒙古自治区乌珠穆沁牛、三河牛最为有名。蒙古牛的毛色较杂，以黄褐、红褐色较多，其次是黑色，也有黄黑相杂或黑白相杂的。体型特征是头粗重，额宽，角细长向前上方弯曲，鬐甲与颈背成一平线，无肩峰。前躯大后躯小，颈细胸深，肋圆而拱起。蒙古牛体型虽然似肉用型，但肌肉欠丰满，后腿发育更差，在良好的放牧条件下，肥育性能尚好，中等以上膘情的牛，屠宰率为47%～50%，但产肉量因季节不同而有很大差异，八月下旬乌珠穆沁牛的屠宰率可达50%以上，而中旬只有40%左右。

图2—23 蒙古牛

(2) 秦川牛。如图2—24、图2—25所示。秦川牛主要产于秦岭以北，渭河流域的陕西关中平原。其中以咸阳、兴平、武功、乾县、礼泉五县的牛最著名。关中平原地势平坦、气候温和，平均气温在13～17℃，无霜期长，当地农民有种苜蓿的习惯，是很好的青饲料，精料有麦麸、大麦、榨油副产品、豌豆等，是秦川牛良好发育的重要原因。秦川牛属于大型牛，骨骼粗大，肌肉发达，体质健壮。前躯发育良好，具有役肉兼用的特点。多为紫红色及红色，角细而短，向外或向后稍弯曲，颈较短，公牛颈上部隆起，鬐甲高而厚，垂肉发达。背腰粗，腹围圆大。肩椎骨稍隆起，一般变为斜尻。秦川牛出肉率高，中等水平屠宰率可在53%以上，净肉率达45%，肉质细嫩，是优质的肉用牛。

图 2—24　秦川牛（公）

图 2—25　秦川牛（母）

（3）鲁西黄牛。如图 2—26、图 2—27 所示。产于山东省西部，黄河以南，运河以西一带，济宁、菏泽两地为中心产区，其中鱼台、嘉祥、郓城等县是主要产区。鲁西黄牛体躯高大而略短，骨骼细，肌肉发达，前躯较宽，背腰宽平，具有肉用牛的体型，是优良的役肉兼用品种。鲁西黄牛对粗饲料的利用能力强，肥育性能良好，肉质细嫩，肌肉纤维间脂肪沉积良好，呈大理石状。

图 2—26　鲁西牛（公）

（4）南阳牛。如图 2—28、图 2—29 所示。产于河南省西南部的南阳地区，属大型役肉兼用品种。南阳牛体格高大，骨骼结实，肌肉发达，

图 2—27　鲁西牛（母）

图 2—28　南阳牛（公）

图 2—29　南阳牛（母）

背腰宽广，皮薄毛细。毛色有黄、红、白三种，以深浅不等的黄色居多。成年牛体重，公牛为 650 kg，母牛为 410 kg。

（5）晋南牛。如图 2—30、图 2—31 所示。产于山西省西南部汾河下游的晋南盆地，包括运城和临汾地区。属大型役肉兼用品种。毛色以枣红色为主，成年牛体重，公牛为 600～700 kg，母牛为 300～500 kg。

（6）延边牛。如图 2—32、图 2—33 所示。产于吉林省延边朝鲜族自治州，分布于东北三省。属役肉兼用品种。毛色为浓淡不同的黄色。成年牛体重，公牛为 400～500 kg，母牛为 300～400 kg。

图 2—30　晋南牛（公）

图 2—31　晋南牛（母）

图 2—32　延边牛（公）

图 2—33　延边牛（母）

（7）培育牛种

1）三河牛，如图 2—34 所示。产于内蒙古呼伦贝尔盟大兴安岭西麓的额尔古纳右旗三河地区，是俄罗斯改良牛（西门塔尔杂种牛）、西伯利亚牛、蒙古牛、后贝加尔牛、西门塔尔牛等牛种相互杂交、选育而成的乳肉兼用品种。毛色为红（黄）白花。成年牛体重，公牛为 850～950 kg，母牛为 450～550 kg。

图 2—34 三河牛

2）草原红牛，如图 2—35 所示。产于内蒙古及河北省的张家口等地。系用短角牛与蒙古牛杂交选育而成。属肉乳兼用品种。体格较小，全身被毛紫红色或红色，部分牛的腹下或乳房有小片白斑。成年牛体重，公牛为 760 kg，母牛为 450 kg。

图 2—35 草原红牛

3）新疆褐牛，如图 2—36 所示。产于新疆牧区和半农半牧区，是引用纯种瑞士褐公牛和有该种牛血液的阿拉塔乌公牛与当地黄牛杂交改良而成的乳肉兼用品种。毛色呈深浅不一的褐色。成年牛体重，公牛为 950 kg，母牛为 430 kg。

图 2—36　新疆褐牛

2. 世界肉牛品种

(1) 海福特牛（Hereford)。如图 2—37 所示。产于英格兰，是英国古老的肉牛品种之一。海福特牛体格较小，肌肉发达，身体为红色，头、四肢下部等部位为白色。成年牛体重，公牛为 900～1 000 kg，母牛为 520～620 kg。海福特牛皮下结缔组织和肌肉间脂肪较少，肉质细嫩多汁。

图 2—37　海福特牛

(2) 夏洛来牛（Charolais)。如图 2—38 所示。产于法国，体格高大，全身肌肉发达，毛色呈白色或浅奶油色。成年牛体重，公牛为 1 100～1 200 kg，母牛为 700～800 kg。夏洛来牛肉质好，瘦肉多，含脂肪少。

图 2—38　夏洛来牛

(3) 利木赞牛（Limousin）。如图 2—39 所示。产于法国，被毛为鲜艳的浅黄色。成年牛体重，公牛为 1 100 kg，母牛为 600 kg。利木赞牛早熟，生长快，肉质好，细嫩，味美。

图 2—39　利木赞牛

(4) 安格斯牛（Angus）。如图 2—40 所示。产于英国，是英国古老的小型肉用品种。全身被毛黑色，无角是其主要的外貌特征。成年牛体重，公牛为 800～900 kg，母牛为 500～600 kg。安格斯牛早熟，易肥育，胴体品质好，出肉率高。

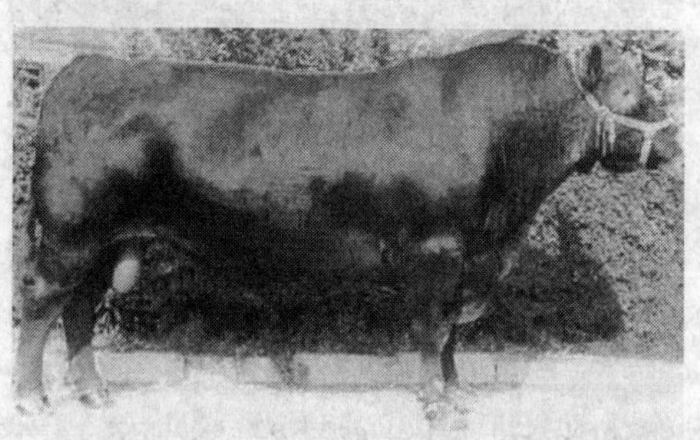

图 2—40　安格斯牛

(5) 西门塔尔牛（Simmental）。如图 2—41 所示。产于瑞士西部，法国、德国和奥地利等国的阿尔卑斯山区。分肉乳兼用和乳肉兼用两种类型。全身被毛为黄白花或淡红白色，头、胸部、腹下和尾帚多为白色，肩部和腰部有条状白毛片。成年牛体重，公牛为 1 000～1 100 kg，母牛为 700～750 kg。西门塔尔牛肉品质好，胴体脂肪含量少，高等级切块肉所占比率高。

(6) 短角牛（Shorthorn）。如图 2—42 所示。产于英格兰的达勒姆、约克等地，有肉用和乳肉兼用两种类型。毛色多为棕红色，少数为红白色或红色，白色者极少。成年牛体重，公牛为 800～1 200 kg，母牛为 500～800 kg。短角牛增重快，早熟，易肥育，利用粗饲料能力强，肉质

图 2—41　西门塔尔牛

图 2—42　短角牛

好，肉纤维细，沉积脂肪均匀，肉呈大理石状，肥育良好的牛，肉中脂肪含量多。

(7) 和牛 (Wagyu)。如图 2—43 所示。产于日本。明治维新前主要为役用，20 世纪初通过与外来品种牛杂交，提高了其产肉性能，经过筛选，于 1944 年正式命名为黑色和牛、褐色和牛和无角和牛等肉用牛品种。成年牛体重，公牛为 730～800 kg，母牛为 430～500 kg。和牛以其优良的肉质而闻名，尤其是大理石花纹非常丰富。肌肉脂肪如雪花在肉中，“雪花肉”即由此而来。另外，其脂肪色白而柔软，这在其他品种中

图 2—43　和牛

很少见到，据周光宏等教授的研究表明，牛肉中不饱和脂肪酸越多，脂肪越软，颜色越黄，而和牛是个例外。

三、羊的品种

世界著名的肉用山羊有波尔山羊（南非）、塞云娜山羊（西班牙）和比特安山羊（印度）。我国羊可分为绵羊和山羊两大类型 。

1. 我国绵羊的品种

绵羊多为皮、毛、肉兼用，经济价值较高，是全国羊的主要品种。绵羊的产区比较集中，主要产于西北和华北地区，新疆、内蒙古、青海、甘肃、西藏、河北六省区约占全国绵羊总数的75%。主要品种有：

（1）乌珠穆沁羊。如图2—44所示。产于内蒙古的乌珠穆沁草原，属肉脂兼用短脂尾粗毛羊。毛色以黑头羊居多。成熟早，脂肪蓄积力强，产肉率高，肉质细嫩。6月龄羯羊，宰前为35.7 kg，胴体重为17.9 kg，屠宰率为50.14%，净肉率为33.05%。

图2—44　乌珠穆沁羊

（2）阿勒泰羊。如图2—45所示。产于新疆，属肉脂兼用粗毛羊品种。尾椎周围脂肪大量沉积而形成“臀脂”，毛色以棕红色为主。羔羊具有良好的早熟性，生长发育快，产肉脂能力强。5月龄羯羊平均宰前体重为36.3 kg，胴体重为19.1 kg，屠宰率为52.6%。脂臀重为3.0 kg。占胴体质量的15.48%。

（3）大尾寒羊。如图2—46所示。产于河北、山东及河南一带。属长脂尾型羊。身体被毛为白色。大尾寒羊具有屠宰率和净肉率高、尾部

图 2—45　阿勒泰羊

图 2—46　大尾寒羊

脂肪多的特点。肉质鲜嫩多汁，味美，以羔羊肉最佳。1 岁公、母羊的平均屠宰率为 55.0%～64.0%，净肉率为 46%～48%。

（4）小尾寒羊。如图 2—47 所示。产于河北、河南、山东及皖北、苏北一带。属短脂尾，肉裘兼用型。被毛白色，少数羊眼圈周围有黑色刺毛。生长发育快，产肉性能好。1 岁公羊平均体重为 72.8 kg，胴体重为 40.48 kg，屠宰率为 55.6%，净肉率为 45.89%。

图 2—47　小尾寒羊

(5) 同羊。如图 2—48 所示。产于陕西渭南、咸阳两地区北部各县。全身被毛纯白色。同羊肉质鲜美，肥嫩多汁，瘦肉绯红、细嫩，是关中地区“羊肉泡馍”“腊羊肉”的原料。脂尾成块状，洁白如玉，食而不腻。中上等体况的羯羊，屠宰率为 57.64%，净肉率为 41.11%。

图 2—48　同羊

(6) 湖羊。如图 2—49 所示。产于浙江省、江苏省的太湖流域地区。全身白毛，少数眼圈及四肢有黑、褐色斑点。湖羊肉质细嫩鲜美，无膻味。体重为 38.84 kg 的湖羊，屠宰率为 48.51%。

图 2—49　湖羊

2. 山羊的品种

山羊多为皮肉兼用，适应性强，全国各省均有饲养。主要品种有：

(1) 太行山羊。产于太行山东、西两侧的晋、冀、豫三省接壤地区。被毛为黑色，少数为褐、青、灰、白色。太行山羊肉质细嫩，膻味小，脂肪分布均匀。2 岁半羯羊，平均宰前体重为 39.9 kg，屠宰率为 52.85%，净肉率为 41.43%。

(2) 黄淮山羊。如图 2—50 所示。产于黄淮平原地区，分布在豫、皖、苏部分地区。被毛白色。黄淮山羊肉质鲜嫩，膻味小。成年羯羊宰前体重为 26.32 kg，屠宰率为 45.90%。

图 2—50　黄淮山羊

(3) 陕西白山羊。产于陕西南部地区，是早熟易肥产肉性能好的山羊品种。被毛以白色为主，少数为黑色、褐色或杂色。肉质细嫩，脂肪色白坚实，膻味较轻。6 月龄宰前体重为 22.17 kg，屠宰率为 45.56%，净肉率为 36.25%。1 岁半宰前体重为 35.27 kg，屠宰率为 50.58%，净肉率为 42.34%。

(4) 马头山羊。如图 2—51 所示。产于湖南省和湖北省，是南方山区的优良肉用山羊品种。被毛以白色为主，少数为黑色、麻色及杂色。肉味美、细嫩、呈红色。在全年放牧情况下，成年羯羊屠宰率为 62.61%，净肉率为 44.45%。

图 2—51　马头山羊

(5) 成都麻羊。如图 2—52 所示。产于四川省成都平原。因被毛呈铜色，又称“铜羊”。成都麻羊肉质细嫩多汁，色泽红润，脂肪分布均匀，膻味小。1 岁羯羊平均体重为 26.26 kg，屠宰率为 49.66%，净肉率为 35.07%。

(6) 贵州白山羊。如图 2—53 所示。产于贵州省，被毛以白色为主，其次是麻、黑、花色。肉质细嫩，肌肉间有脂肪分布，膻味小。1 岁羯羊平均体重为 24.11 kg，胴体屠宰率为 53.30%，净肉率为 36.6%。

图 2—52　成都麻羊

图 2—53　贵州白山羊

四、禽类的品种

禽类包括鸡、鸭、鹅、鸽、鹌鹑、火鸡、珍珠鸡、鹧鸪和鸵鸟等。禽类是具有广泛发展前途的一大类肉用产品。我国由于人口众多，人均粮食占有量较少，只有 400 kg 左右，不可能用大量的粮食转化成肉食，加上目前我国人民蛋白质摄取量，特别是动物蛋白质的摄取量低于发达国家的水平。因此，大力发展节粮型的禽类生产，以满足人们生活水平提高的需要和人们身体营养的需求，是改善我国人民膳食质量、提高人民的健康水平的一项重要措施。家禽品种的丰富多样，为肉食加工提供了多品种的肉食原料，使肉制品品种呈现丰富多彩，更加多样化。下面着重介绍鸡、鸭和鹅的主要品种。

1. 鸡的品种

中国家禽的主要品种是鸡，在全国各地都有饲养，特别是优质的肉鸡资源丰富，约占现有鸡种的 70％以上，各地的肉蛋兼用和蛋肉兼用型鸡均属这一类型，如肖山鸡、固始鸡、北京油鸡、彭县黄鸡、桃源鸡、庄河鸡、惠阳鸡、寿光鸡、鹿苑鸡、新浦东鸡、浙江三黄鸡等。这些鸡具有适应性强，耐粗放饲养，肉质鲜美等特点，很适于做烧鸡、卤鸡、扒鸡、白切鸡等，深受国内外消费者的欢迎。

经研究证明在选育地方良种鸡的基础上，有计划地引进国内外良种进行配套杂交，有良好的杂交效果，一般生产水平比地方品种提高40%以上，有的增重速度可提高一倍，并能保持地方良种适应性强、肉质鲜的特点，引进快速生长的肉鸡是提高生产效益的有效途径。

(1) 中国地方良种鸡

1) 北京油鸡，如图2—54、图2—55所示。羽毛分黄色和褐色两种。单冠、冠多褶皱，呈“S”形，头小，冠羽较丰厚，冠肉垂、耳叶和脸均为红色，脚上有羽毛，又名“凤头”“毛脚”。公鸡体重2.5～3.0 kg，母鸡体重2.0～2.5 kg。

图2—54　北京油鸡（公）

图2—55　北京油鸡（母）

2) 肖山鸡，如图2—56所示。主要分布在浙江省和江苏省南部。体型大，单冠。冠肉髯、耳叶均为红色。喙黄色，颈羽黄黑相间，羽毛淡黄色，胫黄羽。该鸡适应性强，容易饲养，早期生长速度快。成年公鸡体重2.5～3.5 kg，母鸡体重2.1～3.2 kg。

3) 浦东鸡，如图2—57所示。主要产于上海川沙、南江、奉贤等

图2—56　肖山鸡

图2—57　浦东鸡

地。肉用型，体躯硕大宽阔，近似方形。羽毛黄褐色。喙粗短，黄色或褐色。单冠，冠肉垂、耳叶和脸均为红色。胫黄色。早期生长速度快，三月龄体重 1.5 kg，成年公鸡体重 4 kg，母鸡体重 3 kg。

4）惠阳鸡，如图 2—58 所示。主要产于广东惠阳、博乐等县。该鸡为肉用型。黄羽、黄喙、黄脚、黄胡须，俗称“四黄”。单冠直立，胸较宽深，胸肌丰满。成年公鸡体重 2 kg，母鸡体重 1.5 kg。

5）鹿苑鸡，如图 2— 59、图 2—60 所示。主要产于江苏省沙州县。偏于肉用型，具有“四黄”特征。该鸡早期生长快，较早熟。成年公鸡体重 3 kg，成年母鸡体重 2 kg 以上。

6）浙江三黄肉鸡，如图 2—61 所示。是以萧山鸡为母体，与引进的肉用型公鸡进行杂交培育而成。羽毛呈金黄色无杂毛，脚黄色。成年公鸡体重 4～4.5 kg，成年母鸡体重 2.5～3 kg。

图 2—58　惠阳鸡

图 2—59　鹿苑鸡（公）

图 2—60　鹿苑鸡（母）

图 2—61　三黄肉鸡

（2）世界鸡种

1）艾维茵肉鸡，如图 2—62 所示。由美国艾维茵国际禽场有限公司培育白羽肉用鸡种。艾维茵父系增重快，成活率高，母系产蛋量高。商品代公母平均体重和饲料转化率，1 周龄时分别为 158 g 和 1.31，3 周龄时分别为 679 g 和 1.42，7 周龄时分别为 2 287 g 和 1.97，8 周龄时分别为 2 722 g 和 2.12。

2）爱拔益加肉鸡，如图 2—63 所示。由美国爱拔益加育种公司（AA 公司）培育而成的四系配套白羽肉鸡，又称 AA 肉鸡。AA 肉鸡四系均为白洛克型，适应性和抗病力强，生长快、耗料少、屠体美观、肉嫩味美。7 周龄时商品代肉鸡平均体重 1 987 g，饲料转化率 1.92，屠宰出肉率为 81%～84%。

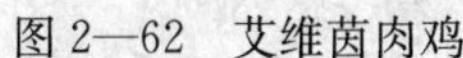

图 2—62　艾维茵肉鸡

图 2—63　爱拔益加肉鸡

3）红波罗肉鸡。由加拿大雪佛公司培育而成的红羽肉用鸡种，又称红宝肉鸡。红波罗肉鸡，抗病力强，生长较快，商品代仔鸡 3 周龄时体重 410 g，饲料转化率为 1.46；7 周龄时体重 1 820 g，饲料转化率 2.10。屠体皮肤光滑，肉味较好。

4）星布罗肉鸡。由加拿大雪佛公司培育的四系配套肉用鸡种。A、B 系为父本属白科尼什型，C、D 系为母本属白洛克型。适应性强，生长快，饲料转化率高。商品代肉鸡 7 周龄体重达 2 170 g，饲料转化率为 2.04。产肉性能高，半净膛屠宰率为 92.13%，全净膛屠宰率为 79.71%。

5）狄高鸡。由澳大利亚狄高公司培育的肉用鸡种。母系的羽型为隐性纯合体与父系 TM70 白羽公鸡杂交产生白羽肉鸡；与父系 TR83 红羽公鸡杂交则产生红羽肉鸡。狄高肉鸡生长速度快，抗逆性强。商品代仔鸡 3 周龄时体重公鸡 590 g，母鸡 450 g，饲料转化率 1.7；7 周龄时体重公鸡2 410 g，母鸡 2 020 g，饲料转化率 2.1。

6）海佩科鸡。由荷兰海佩科有禽育种公司培育的肉用鸡种。有白羽肉鸡和有色羽肉鸡两种。白羽肉鸡曾祖代来源于白科尼什和白洛克。商品代肉鸡抗病力强，生长快，饲料利用率高，3 周龄时体重 555 g，饲料转化率 1.54；7 周龄时体重 2 040 g，饲料转化率 2.02。有色羽肉鸡来源于红科尼什和红普利茅斯洛克，商品代肉鸡为红羽并掺杂一些白羽。3 周龄时体重 510 g，饲料转化率 1.55；7 周龄时体重 1 830 g，饲料转化率 2.03。

7）罗曼鸡，如图 2—64 所示。由德国罗曼公司培育的白羽肉用鸡种，用作杂交父本生产肉鸡效果更佳。罗曼肉用仔鸡生长快，饲料转化率高，3 周龄时体重 624 g，饲料转化率 1.43；7 周龄时相对应的体重和饲料转化率分别为 2 000 g 和 2.05；8 周龄时为 2 350 g 和 2.20。

图 2—64　罗曼鸡

8）明星鸡。由法国伊莎育种公司培育的五系配套白羽肉用鸡种，又称伊莎弗迪特肉鸡。A，B 父系为科尼什型，C，D，E 母系为白洛克型。由于育种过程中引入矮小基因，故其体型小、耗料少，成年鸡体型比传统肉鸡缩小 30%左右，饲料消耗降低近 20%。肉用仔鸡周龄体重达 1 950 g，饲料转化率 1.95。肉鸡胸肉多脂肪低、皮薄、骨细、肉味美。

9）安康红鸡。由法国伊莎育种公司培育的含矮小基因的红羽肉鸡。商品代肉鸡 3 周龄时体重 465 g，饲料转化率 1.62；7 周龄时相对应为 1 785 g，饲料转化率 2.04。

10）彼得逊鸡。由美国彼得逊国际育种公司培育的白羽肉用鸡种。商品代肉鸡 3 周龄时体重 505 g，饲料转化率 1.42；7 周龄时相对应为 1 775 g 和 2.08；8 周龄时为 2 115 g 和 2.25。

2. 鸭的品种

鸭的品种按经济用途可分为肉鸭、蛋鸭和兼用鸭三种类型。

肉用型：具有代表性的是北京鸭、樱桃谷鸭、狄高鸭、番鸭、天府肉鸭。

蛋用型：有绍兴鸭、金定鸭、攸县麻鸭、江南 1 号、江南 2 号、卡叽—康贝尔鸭等。

兼用型：有高邮鸭、建昌鸭、巢湖鸭、桂西鸭等。

（1）北京鸭。北京鸭原产于北京东郊潮白河，当地习惯称为白河鸭。又有说原产于北京西郊玉泉山、颐和园一带，是经过多年的繁衍选育而成的一种优良品种肉用型鸭。在 19 世纪中叶，北京鸭不断引出国外，1873 年被引入到英、美，1888 年被引入到日本，1925 年被引入到苏联。

今天，世界最著名的肉用鸭，无不含有北京鸭的血统。

图 2—65　北京鸭

北京鸭全身羽毛洁白而紧密，体躯长宽，喙、趾、蹼均呈橘红色，胸部丰满，后腹稍向下倾斜，腿短而有力，如图 2—65 所示。

成年鸭体重：公鸭 3.5～4 kg，6 月龄成熟；母鸭 3～3.5 kg，4、5 月龄产蛋。北京鸭体壮结实，耐寒，即使在 −20℃仍可在外活动，并可耐受 30℃的高温；觅食力强，各种谷物、水草、浮萍、水葫芦等均能食用。北京鸭的特点是：生长快、易育肥、肉质好，是著名北京烤鸭的理想原料。

（2）樱桃谷鸭。樱桃谷鸭是以北京鸭和埃里斯伯里鸭为亲本，经杂交育成。羽毛洁白，肌肉发达，头大、额宽、鼻背较高，喙橙黄色，颈平而粗短。翅膀强健，紧贴躯干。背宽而长，从肩到尾部稍倾斜，胸部较宽深。脚粗短，胫、蹼均为橘红色。体型外貌酷似北京鸭，如图 2—66 所示。其生长速度与产肉性能为父母代成年公鸭体重 4～4.5 kg，母鸭体重 3.5～4 kg，开产体重 3.1 kg。商品代肉鸭 49 日龄活重 3.09 kg，全净膛率 72.55%，半净膛率 85.55%，瘦肉率 26%～30%，皮脂率 28%。

（3）狄高鸭。狄高鸭是采用品系配套方法育成的优良肉用型鸭种，具有生长快、早熟易肥、体型硕大、屠宰率高等特点。该品种性喜干爽，能在陆地上交配，适于丘陵地区旱地圈养或网养。雏鸭羽红黄色，脱换幼羽后，羽毛呈白色。喙、胫、蹼橘红色，头大颈粗、胸宽，体躯稍长，胸肌丰满，胫粗而短，如图 2—67 所示。其生长速度与产肉性能为初生体重 55 g，30 日龄体重 1 114 g，60 日龄体重 2 713 g。良好条件下，仔

图 2—66　樱桃谷鸭

图 2—67　狄高鸭

鸭56日龄体重可达3 500 g，料肉比2.25～2.93∶1。半净膛率92.86%～94.04%，全净膛率79.76%～82.34%。胸肌重273 g，腿肌重352 g。

(4) 肉蛋兼用鸭。主要有麻鸭，在国内分布很广，数量多，毛色为麻褐色，燕带有斑纹，故叫麻鸭。分大小两种类型。常见的有江苏省高邮大型麻鸭和浙江绍兴小型麻鸭。

1) 高邮鸭。高邮鸭是我国有名的大型麻鸭品种。具有觅食能力强，耐粗饲，善产双黄蛋等特点。公鸭体型较大，背阔肩宽、胸深，头和颈上半部羽毛为深绿色，背、腰、胸褐色芦花羽，腹部白色、尾羽黑色，如图2—68所示。母鸭颈细身长，全身羽毛褐色，有黑色细小斑点，如麻雀羽毛。成年公鸭体重3～3.5 kg，母鸭体重2.5～3 kg。仔鸭放养2月龄重达2.5 kg。

2) 浙江绍兴小型麻鸭。又称浙江麻鸭，是我国优良的蛋鸭品种。绍兴鸭体型匀称、紧凑、结实，体躯狭长，喙长颈细，腹部丰满，前躯高昂，与地面成45°角。全身以浅褐色麻雀羽为主，颈部有白圈，主翼羽和腹部白色，喙、胫蹼橘红色，虹彩蓝灰色。公鸭头颈上部及尾羽墨绿色有金属光泽，如图2—69所示。成年鸭体重，公鸭1.75 kg，母鸭1.25 kg。

图2—68　高邮鸭

图2—69　绍兴鸭

(5) 四川建昌鸭。建昌鸭亦属肉用型鸭，体型较大，形似平底船，羽毛丰满，尾羽呈三角形向上翘起。头大、颈粗、喙宽，胫、蹼橘黄色，趾黑色，母鸭的喙多为橘黄色，公鸭则多呈草黄色，喙豆均呈黑色；母鸭羽毛主要分为黄麻、褐麻和黑白花三种颜色，以黄麻者居多。该鸭具有生长迅速，成熟早，体大肉多，易于填肥，瘦肉率高，肉质细嫩，肝大等特点，如图2—70所示。公鸭平均体重2.44 kg，母鸭平均体重2.35 kg，经填肥21天的7月龄公鸭，全净膛屠宰率为78.68%，成年母鸭为34%。

3. 鹅的品种

图 2—70　建昌鸭

近 20 年来世界养鹅有了迅速的发展，目前我国已成为世界养鹅最多的国家。近年来，由于鹅食草节粮和国内外羽绒市场的繁荣，养鹅业迅速地发展起来。鹅的品种主要有太湖白鹅、狮头鹅和雁鹅。

（1）太湖白鹅。太湖白鹅产于江浙沿太湖一带，以苏州地区为主，白鹅体态高昂，体质细致紧凑，全身羽毛紧贴。肉瘤圆而光滑，无皱褶。颈细长呈弓形，无咽袋。全身羽毛洁白，偶在眼梢、头顶、腰背部有少量灰褐色斑点；喙、胫、蹼均橘红色，喙端色较淡，爪白色；眼睑淡黄色，虹彩灰蓝色。从外表看，公母差异不大，公鹅体型较高大、雄伟，常昂首挺胸展翅行走，叫声洪亮，喜追逐啄人；母鹅性情温驯，叫声较低，肉瘤较公鹅小，喙较短。雏鹅全身乳黄色，喙、胫、蹼为橘黄色，如图 2—71 所示。

图 2—71　太湖白鹅

太湖白鹅成熟早，生长快，主要用于生产仔肉鹅。雏鹅初生重平均为 91.2 g。70 日龄左右即可上市，平均体重 2.5～2.8 kg。仔鹅半净膛屠宰率为 78.6%，全净膛屠宰率为 64%；成年公鹅半净膛为 84.9%，全净膛为 75.6%；成年母鹅半净膛为 79.2%，全净膛为 68.8%。成年鹅体重，公鹅 4～5 kg，母鹅 3～4.5 kg，是苏州糟鹅的主要原料。

（2）狮头鹅。狮头鹅是我国最大的鹅种，因成年鹅的头形如狮头而得名，产于广东省。具有耐粗饲、生长快、肌肉丰厚和体型大等优点。

体躯呈方形，头大颈粗，前躯略高。公鹅昂首健步，姿态雄伟。头部前额肉瘤发达，向前突出，覆盖于喙上。两颊有左右对称的肉瘤1～2对，肉瘤黑色。公鹅和2岁以上母鹅的善肉瘤特征更为显著。喙短、质坚、黑色，与口腔交接处有角质锯齿。脸部皮肤松软，眼皮凸出、多呈黑色，外观眼球似下陷，虹彩褐色。颌下咽袋发达，一直延伸至颈部。胫粗蹼宽，胫、蹼都为橘红色，有黑斑。皮肤米黄色或乳白色。体内侧有似袋状的皮肤皱褶。狮头鹅的全身羽毛及翼羽均为棕褐色，边缘色较浅、呈镶边羽。由头顶至颈部的背面形成如鬃状的深褐色羽毛带。羽毛腹面白色或灰白色，如图2—72所示。

在以放牧为主的饲养条件下，70～90日龄上市未经肥育的仔鹅，平均体重为5.84 kg（公鹅为6.42 kg、母鹅为5.82 kg)，半净膛屠宰率为82.9%（公鹅为81.9%、母鹅为81.2%)，全净膛屠宰率为72.3%（公鹅为71.9%、母鹅为72.4%)。

(3) 雁鹅。雁鹅是中国鹅灰色品种中的代表类型。体型较大，体质结实，全身羽毛紧贴。头部圆形略方、大小适中，头上有黑色肉瘤，质地柔软，呈桃形或半球形向上方突出。眼球为黑色，大而灵活，虹彩灰蓝色。喙扁阔，黑色。个别鹅颌下有小咽袋。颈细长，胸深广，腹下有皱褶，胫、蹼多为橘黄色，个别有黑斑，爪黑色。皮肤多数黄白色。成年鹅羽毛呈灰褐色和深褐色，颈的背侧有一条明显的灰褐色羽带，体躯的羽毛，从上往下幅深渐浅，至腹部成为灰白色或白色，除腹部白色羽毛外，背、翼、肩及腿羽皆为镶边羽，即灰褐色羽镶白边，排列整齐，肉瘤的边缘和喙的基部大部分有半圈白羽，如图2—73所示。雏鹅全身羽绒呈墨绿色或棕褐色，喙、胫、蹼均呈灰黑色。

图2—72 狮头鹅

图2—73 雁鹅

在放牧条件下，雁鹅饲养5～6个月，体重可达5 kg以上。成年雁鹅的体重公鹅、母鹅分别为6.02 kg和4.77 kg，胸宽分别为14.0 cm和12.3 cm，龙骨长分别为19.5 cm和16.7 cm。在较好的饲养条件下，2月龄可达到4 kg左右。成年公鹅的半净膛屠宰率和全净膛屠宰率分别为86.1%和72.6%，母鹅则分别为86.8%和65.3%。

第2节 畜禽的基本生理结构

在畜牧生产中，了解畜禽的生理结构是非常重要的，对熟悉畜禽的生活习性、疾病的防治、繁殖育种、获取更多的畜禽产品都是有帮助的。要获得较高的饲料报酬，降低生产成本，熟悉畜禽的消化特点也十分必要。本节重点介绍畜禽消化系统的基本生理结构。

一、猪的消化系统

猪属于单胃杂食动物，它的消化系统比较简单，由消化腺和消化道组成。消化道是食物通过的管道，起于口腔，经咽部、食道、胃、小肠（分为十二指肠、空肠、回肠三部分）和大肠（分为盲肠、结肠、直肠三部分），止于肛门；消化腺是分泌消化液的腺体，包括口腔中的唾液腺、肝、脾、胰、胃腺和肠腺等。

1. 消化的生理过程

（1）口腔和食道。口腔是咀嚼器官，食物在口腔经过咀嚼被压扁、磨碎，并与唾液腺分泌的唾液充分混合，以便于吞咽经食道进入胃消化。

唾液是口腔的天然溶剂，它能溶解食物中的某些可溶物质，引起味觉感受器官的兴奋和食欲反射。唾液中含有唾液淀粉酶和麦芽糖酶，有分解淀粉和糖的作用。

（2）猪胃。猪胃由一室组成，前接食道，后连小肠，和食道连接部位为贲门（始端），和小肠连接部位为幽门（终端）。胃的内层为黏膜层，分布有可分泌胃液的胃腺。食物在胃中消化主要靠胃有节律的收缩和舒张运动（称蠕动）来实现，当胃蠕动时，使食物紧贴胃壁，易于和胃液混合。胃液中含有胃蛋白酶、脂肪酶和凝乳酶等。胃液中含有少量的盐酸，即胃酸，它可以致活胃蛋白酶，使蛋白质膨胀便于蛋白酶的消化，胃酸还具有一定的杀菌作用。

(3) 小肠。食物经胃消化后变成半流体的酸性食糜，逐渐进入小肠内，由小肠消化。食糜在小肠内受到胰液、胆汁和小肠液的化学消化作用和小肠机械运动的作用进行消化。小肠的消化在整个消化过程中占有极其重要的地位，大部分食物经小肠的消化作用（特别是胰液的作用）可分解成被吸收利用的状态。

胰液含有丰富的酶类，有胰蛋白酶、胰脂肪酶和胰淀粉酶等，可分解大量的蛋白质、脂肪和糖类。

胆汁在肝脏中生成，在胆囊中储存、分泌。是一种有强烈的苦味，黏性强的碱性液体，主要由胆汁酸、胆固醇和矿物质组成。胆汁的主要功能是溶解脂肪，促进脂肪酸的吸收，同时对脂溶性维生素（A、D、E、K、H）的吸收也有一定的作用。除此之外还能增加小肠的运动，维持小肠的酸碱度。

肠液由肠腺分泌，补充其他消化液的不足，以促进消化功能。

(4) 大肠。食物经小肠消化吸收后进入大肠，在盲肠和结肠前中部继续对小肠未消化完的各种营养物质进行消化。在大肠消化的物质主要是纤维素，是借助于小肠进入大肠的酶和微生物进行消化的。纤维素和其他糖类在微生物作用下发酵而产生低级脂肪酸、二氧化碳和沼气等气体，蛋白质经腐败菌的作用产生一些有毒物质如粪臭素吲哚等，其中有一部分被大肠黏膜吸收，另一部分为消化后的残渣，即粪便被排出体外。

2. 猪的消化特点

猪是单胃杂食动物，盲肠不发达，消化道的容量也有限。食物消化主要依靠化学的消化作用，而微生物的消化作用较小，因此，用适当的精饲料喂猪比用大量的青粗饲料更为适宜。

二、牛、羊的消化系统

牛、绵羊和山羊都是反刍家畜。它们的消化系统与单胃家畜（如猪、马）有许多不同之处。

1. 结构的主要特点

(1) 牛、羊的口腔没有上门齿，靠上牙床与下门齿联合嘴唇与舌头来采食。食物在口腔内咀嚼不细就吞咽进入胃里，经反刍时再细致地咀嚼。

（2）牛、羊的胃容积很大，称为复胃。它分为四室，前三室即瘤胃、瓣胃和网胃，胃壁没有胃腺，总称前胃；第四室即皱胃，由于与猪胃相似，故称真胃。四个胃的容积占整个消化道总容积的71%，小肠占18%，大肠仅占11%（其中盲肠占3%）。四个胃中瘤胃最大，网胃较小，两者共占胃总容积的64%，瓣胃占25%，而皱胃仅占11%。由此可见牛、羊的胃，特别是瘤胃，在消化道中占有很重要的地位。

2. 消化生理特点

牛、羊的消化属于复胃的消化，和单胃家畜有不同之处，其主要消化生理特点如下：

（1）反刍。牛、羊采食后，不经充分咀嚼就吞咽进入瘤胃，由胃内的水分和唾液浸润消化；牛、羊休息时，饲料由胃返回到口腔进行仔细咀嚼，然后再吞入胃内消化。这一过程叫反刍，俗称"回嚼"，北方亦称"倒嚼"。

（2）瘤胃的消化作用。瘤胃内有大量的微生物，包括细菌、胃毛虫和真菌，其中细菌约有33个不同类型，胃纤毛虫多达80余种。每克瘤胃液内有150亿～250亿个细菌和60万～100万个纤毛虫。在它们的作用下，瘤胃成为牛、羊体内一个高度自动化的"饲料发酵罐"，使瘤胃具有大量储积、加工和发酵饲料的功能。

三、家禽的消化系统

1. 家禽的消化系统和家畜比较有其独特的特点

（1）家禽的嘴和鸟类一样为角质的喙，鸡的喙呈圆锥形，啄食特别方便；鸭、鹅的喙呈扁平形，喙边缘有许多缺刻的沟，在水中觅食时便于将泥水从喙侧排出。

（2）家禽没有牙齿，不能咀嚼食物，依靠喙将饲料撕碎。

（3）家禽舌上味蕾少，味觉能力差，觅食主要靠视觉和嗅觉。鸡饮水须仰头才能使水流进食道。

（4）唾液腺不发达，唾液中含淀粉酶少，消化作用不大。

（5）食道宽大，富有弹性。在胸腔入口处的膨大部分称为嗉囊，鸡的嗉囊相当发达，呈球形富有弹性；鸭、鹅的食道下部变得粗大呈纺锤形。嗉囊不分泌消化液，仅分泌黏液，是储存、湿润和软化饲料的器官。

（6）家禽的胃分为肌胃和腺胃两个部分。腺胃很小，但消化腺发达，能分泌大量的消化液。肌胃是禽类特有的消化器官，它是一个坚硬的扁圆体，肌肉特别发达。黏膜中有许多小的腺体，这些腺体分泌的胶样分泌物能迅速硬化，覆盖黏膜表面，形成一层坚硬的角质膜，俗称"鸡内金"，它具有粗糙的摩擦面，借肌肉收缩的压力及胃内停留的砂粒，能磨碎饲料，因而代替了牙齿的咀嚼作用。砂粒对禽类消化有重要作用，可以碾磨粉碎饲料，提高消化率，因此，配合饲料中应有一定量的砂粒。

家禽肠道短小，肠包括十二指肠、空肠和回肠。十二指肠和肌胃相连，呈弯曲状，中间夹有胰腺和胰管，胆管开口于此。空肠和回肠界限不明显，是肠道最大的部分。小肠是消化吸收营养物质的主要部位。大肠包括发达的盲肠和短直肠。直肠末端开口于泄殖腔。泄殖腔是直肠、输尿管、输精管（或输卵管）的共同开口。

2. 家禽的消化特点

（1）家禽采食是由嘴啄食的。由于没有牙齿不能咀嚼而整吞下去，进入嗉囊里。嗉囊分泌的黏液软化饲料，使某些饲料受细菌和来自唾液淀粉酶的作用变为可溶解状态。

（2）饲料在腺胃中停留时间短，浸润胃液后很快进入肌胃，饲料在肌胃被碾磨粉碎后进入小肠，营养物质吸收主要在这里进行，食糜在这里与肠液、胰液和胆汁混合，并在它们作用下，蛋白质分解成氨基酸，糖类分解为单糖（如葡萄糖），脂肪分解成甘油和脂肪酸，然后被吸收。

（3）家禽的盲肠较发达，在微生物作用下可以消化纤维素，但鸡小肠分解后的物质只有6%～10%进入盲肠，其余大部分进入直肠，故鸡对纤维素消化能力很低。鸭和鹅对纤维素的消化能力较强，鹅尤其强。直肠很短，能吸收水分，但粪便不能久留，因此，禽类随时随地可以排出粪便。

家禽消化道短，所以饲料通过消化道时间较快。一般成年产蛋鸡和生长发育的雏鸡只需4 h，停产鸡约需8 h，抱窝鸡约需12 h。为满足鸡的营养需要（特别是高产鸡和雏鸡），故每日饲喂次数应多，但每次饲喂量要减少。

鸭和鹅对纤维素的消化能力较强，鹅尤其强。

第3节　畜禽的基本生活习性

畜禽的基本生活习性，是指畜禽在长期的进化过程中形成的生活习惯及特性，也就是其生物学特性。不同的种类或类型，既有共性，又有其各自的特性。认识和掌握畜禽的这些特性，有助于合理组织生产，以获得较好的经济效益。畜禽的基本生活习性包括很多方面，现将其主要特性分述如下。

一、猪的基本生活习性

1. 胎高产，繁殖力强

猪为常年发情的多胎动物，一般4～5月龄达到性成熟，6～8月龄就可以初次配种，妊娠期为114天，12月龄即可产仔。在一般饲养条件下，母猪可以年产2胎，每胎平均产仔10头左右。

2. 生长期短，周转较快

与其他畜种比较，猪的胚胎生长期和出生后生长期较短，但其生长强度较大，据测定，初生仔猪体重约为1.0 kg，断奶时体重则达到10～15 kg，日增重在300 g左右，6月龄出栏体重可达90～100 kg，肥育期日增重可达800～1 000 g。

3. 杂食性强，食谱广泛

猪是杂食动物，门齿、犬齿发达且齿冠尖锐，以利于食肉；臼齿发达且齿冠上有台面和横纹，有利于食草；胃能消化多种动植物及矿物质饲料。猪的食谱广泛，但有择食性，特别喜食甜味饲料。猪具有突出的鼻吻，拱土是其觅食的一种方式。

4. 皮脂肥厚，不耐高温

猪的汗腺不发达，皮下脂肪层厚，体表散热能力很差。在高温环境下散热主要通过增加呼吸次数（喘气）和体表喷水来降温，因此不耐高温，尤其不耐高温高湿环境。但要注意，仔猪皮脂薄，体温调节能力差，既不耐高温也不耐低温。

5. 嗅觉发达，听觉灵敏，视觉不发达

仔猪出生后几小时，就能鉴别气味，同时对声音开始有反应，到 2 月龄后能分辨出不同声音的刺激，人们可以通过猪对声音的细致鉴别能力，调教其对各种口令的适应。猪依靠嗅觉来选择不同的饲料或地下的食物，识别群内的个体及仔猪，但视觉很差。

6. 定居漫游，合群性好

在无猪舍的情况下，猪能自找固定地方居住，表现出定居漫游习性。同窝出生的仔猪，从小就过群居生活，合群性较好；而不同窝出生的合圈仔猪，经过几天争斗建立位次关系后，才会形成一个群居集体。

7. 喜清洁，易调教

猪是家畜中最爱清洁的动物。猪通常会保持其睡窝清洁、干燥，排粪和排尿都有一定的时间和地点，一般在饮食后，饮水和起卧时撒尿，喜欢在墙角、潮湿、荫蔽、有粪便气味处排粪尿。若猪群过大或围栏过小，就会破坏猪的好洁习惯。在猪的管理中，如果不经常打扫卫生，使地面潮湿或污染，环境脏臭的猪没有选择排粪尿的余地，就会养成尿窝的恶习。

猪属平衡灵活的神经类型，易于调教。在生产实践中可利用这一特点，建立有益的条件反射，如训练猪在固定地点排粪尿等。

8. 群居，次序明显

猪喜群居，同窝仔猪之间能和睦相处，不同窝或群的猪并圈，起初会发生争斗，待建立起次序后，就会形成一个较稳定的群居位次环境。猪有合群性，但也有争斗习性，大欺小，强欺弱，群体和饲养密度越大，这种现象越明显。在猪群内，不论群体大小，都会按体质强弱建立明显的位次关系，体质好、争斗力强的排在前面，稍弱的排在后面，依次形成固定的位次关系。若猪群过大，就难以建立位次，相互争斗频繁，影响采食和休息。群体规模应与动物交往中各个体能够认识或记住的畜群总头数相适应，一般以 20～30 头为宜。当一个群居猪群已基本处于稳定状态时，如果突然放入新的个体，又会引起新的骚乱，新的个体会遭到群起而攻之，轻者咬伤，重者可能被活活咬死，待群体等级建立后，重新安定。因此，在饲养管理中，应尽量避免经常调整猪群。一般组群时，常使用镇静剂和能掩盖气味的气雾剂或用水喷洒，以减少混群时的对抗和攻击行为。对断奶猪应提倡同窝转圈或去母留仔，既可避免非同窝仔猪发生争斗，又可避免仔猪发生应激反应，影响生长发育。

二、牛基本生活习性

1. 喜采食饲草，具有反刍功能

牛是典型的草食动物，和羊相比，可选择采食草的种类少于羊。牛吃草时用舌卷，依靠舌和头的转摆动作扯断牧草，放牧时喜食高草。在草架上吃草有往后甩的动作，对饲草的浪费很大。牛在牧食活动中具有选择性，喜食青绿饲料和块根，通常会避免采食被排泄物污染的、绒毛多的或者外表粗糙的牧草。牛可用嗅觉选择各种类型的牧草，但味觉的刺激是决定选择的主要因素。尽管牛通过训练能消耗含有酸性成分的饲料，但仍喜食带甜、咸味的饲料。

牛在开始放牧或舍饲后刚进入运动场时，常表现嬉耍性的行为特征，如腾跃、蹴踢、用前肢抓扒、喷鼻、鸣叫和摇头，且幼牛特别活跃。这对于幼牛是有利的，可以促使其获得放牧时如遭到食肉动物侵害而对抗敌手的一些本领。

2. 群集行为

群体行为指牛群在长期共处过程中形成的群体等级制度和群体优胜序列。这种群体行为在规定牛群的放牧游走路线、按时归牧、有条不紊进入挤奶厅以及防御敌害等方面都有重要意义。在一个大的开放群体中，初期各种年龄牛可能互相交锋，等级地位通常根据强弱或体重而定。经国外专家观察表明，爱尔夏牛群体地位优胜于娟姗牛，安格斯牛优胜于短角牛，而后者又优胜于海福特牛。在这种情况下，不同品种牛的遗传特征起一定作用。

3. 具有卧下休息行为

牛一天中休息约 9～12 h，有时游走，有时躺卧。通常在腹位卧下时进行咀嚼，以增加腹部压力促进反刍。躺卧时，经常表现出个体的偏好，有的喜欢左侧卧下，有的喜欢右侧卧下。前肢卷曲在身体下面，一条后腿向前卷曲在身体下，大部分体重由坐骨结节上面、后腿的膝盖关节和跗关节下面围起来的三角形面支撑。另一条后肢伸向体的一边，膝关节和跗关节部分屈曲。牛以单一姿势游走，它们不像马，不能够持续较长时间用直立姿势很好地休息。为了保持健康，牛一昼夜至少卧息睡眠 3 h；长途运输 12 h 以上，休息时牛往往需躺卧。

4. 繁殖行为特征

母牛是长年发情的家畜，发情特征明显，即同群母牛之间有爬跨行为。爬跨其他母牛或接受其他母牛的爬跨一般都视为发情母牛。发情持续时间短，一般仅为 18～21 h。公牛自然交配时间很迅速。

三、羊基本生活习性

1. 群居性（合群性）

羊胆小，防御外敌能力差，合群性强可以发挥群体威力。在一个群体中一定要有“头羊”，头羊胆大、体壮，就似首领。在出圈、入圈、数羊、过河、过桥、饮水、更换草地草坡、运羊等方面，只要头羊先行，其他羊就会尾随而来。利用合群性可大群放牧。有“头羊”管理方便，但要合理控制，否则羊混群或受惊，往往一跑皆跑。

2. 羊的听觉、嗅觉特性

有个别羊离群或母子分离后，长声大叫，互相呼应。羊靠嗅觉识别饲草饲料，决定取舍。公羊靠嗅觉发现发情母羊，母羊靠嗅觉识别羔羊。每个羊群都有自己的群体气味，当两群羊混群后，由于气味不同，均有离群感而会鸣叫不安，把混群羊分成两部分后，可自行回归原群。

3. 羊的起卧和睡眠习性

羊卧地时先把前肢向前弯曲而跪下，接着后肢向内弯曲而卧下，胸部放在两前肢中间；起立时两后肢先站起，继而前肢起立。羊吃饱后多为右侧卧，有时右前肢和一左后肢外伸，有时一后肢外伸，也有时左前肢外伸，四肢全压在体下或外伸的较少见。羊睡眠时间较少，每天 2～3 h，多站着睡或卧着睡，一般不闭双眼，卧倒伸颈靠地紧闭双眼鼾睡的羊较少见。

4. 反刍

羊采食速度很快，每分钟可采食 60～70 口草，两个小时就能吃饱，然后休息，进行反刍。

5. 羊的角斗习性

公绵羊角斗时，各向后退，然后猛向前冲，两头角部相撞，发出撞击声，经多次较量，以一方失败而告终。可根据争夺交配权进行角斗的习惯，通过斗羊选留种公羊。公山羊角斗时多为前躯跃起，两头角斜向相撞。有角公羊比无角公羊配种的机会多。

6. 羊的调情习性

公羊对发情母羊分泌的外激素很敏感，公羊追嗅母羊的尿水，并发生反唇、卷鼻行为，有时用前肢拍击母羊并发出求爱的叫声（山羊最明显），同时做出爬跨动作。母羊发情表现不甚明显，在发情旺盛时，主动接近公羊，或公羊追逐时站立不动接受交配。因此，在进行人工辅助交配或人工授精时，可使用试情公羊发现发情母羊。

7. 羊的扎窝习性

羊有皮下脂肪，又有较厚的一身羊毛，故怕热而不太怕冷。在热天容易扎窝子，即羊将头部扎在另一羊的腹下取凉，互相扎在一起，越扎越热，越热越扎，挤在一堆，很容易伤羊。天热时呼吸紧迫，不爱吃草。怎样锻炼羊的耐热力呢？初夏时，太阳出来后，可将羊聚在干燥向阳处晒，既有利于防暑，也有利于放牧食草，容易上膘；夏季要防暑、防日射病，在羊场要有遮阳设备，可栽树或搭凉棚。冬季在寒冷地区应有暖舍。

8. 羊的采食习性

羊嘴尖，牙齿锋利，唇薄，上唇有唇裂，很灵敏，可采食矮草及拾取小颗粒饲料。羊在草地上吃草时，口部向后，以鼻嗅草，遇可食的草随即活动上唇咬在口部，向外或朝里用劲咬断，在口中稍加咀嚼即咽下。羊采草时口腔可暂储一些饲草，待积到一定量时咽下；骨质化的上颌及下颌切齿可钳取长草，借助头部运动扯断牧草；可用前蹄刨开积雪或土壤寻找雪下面的牧草或土中的草根、草芽，还可用两后肢着地，两前肢攀在崖上或树干上采食高处的牧草或树的枝叶。

9. 羊可利用饲料范围广、利用率高

据测定，在半荒漠地区牧场上，牛不能利用和不能完全利用的植物种类达 66%，而羊只有 38%。山羊比绵羊采食牧草的种类更广，在 655 种植物中绵羊能利用 522 种，占 80%，而山羊在 690 种植物中能利用 607 种，占 88%。

10. 羊喜欢清洁

羊喜饮清洁的水，最好饮用井水、泉水或河水，不饮死坑水。羊喜食干净的草，遇到被污染或踏践过的草，宁可饿着也不肯采食。故在补饲时要将草放在草架上或切碎放在饲槽中，防止粪尿污染，节省饲草。

11. 羊喜欢干燥，怕潮湿

湿热、湿冷的环境对羊很不利，潮湿的牧地和羊舍，易使羊患腐蹄病和寄生虫病。

12. 羊对疾病反应迟缓

羊很结实，对疾病反应迟缓。有病要早发现早治疗，等症状明显时就为时已晚。

四、鸡基本生活习性

1. 体温高，代谢旺盛

鸡的标准体温是41.5℃。心跳很快，脉搏可达200～350次/min。

鸡每1千克体重的基础代谢为马、牛等的3倍，安静时耗氧量与排出二氧化碳的数量也高一倍以上。这就是说，鸡的生命时钟转动得快，寿命相对就短。根据这一特性，应尽量为鸡创造良好的环境条件，利用其代谢旺盛的优点，来创造更多的禽产品。

2. 繁殖潜力大

鸡的左侧卵巢用肉眼可见到很多卵泡，在显微镜下则可见到12 000个卵泡（有人估计远高于此数）。高产鸡年产蛋300枚以上，大群年产蛋280枚已经实现。一枚蛋就是一个巨大的卵细胞，这些蛋经过孵化如果有70％成为小鸡，则每只母鸡一年可获得200个小鸡。

公鸡的繁殖能力也是很突出的。根据观察，一只精力旺盛的公鸡一天可交配40次以上，每天交配10次左右很平常。一只公鸡配10～15只母鸡可以获得高受精率，配30～40只母鸡受精率也不低。鸡的精子一般在母鸡输卵管内可以存活5～10天，个别可以存活30天以上。受精卵在输卵管中发育到两个胚层的原肠期，鸡蛋被排出体外后，由于温度下降胚胎发育停止，在适宜温度（5～15℃）下可以储存10天，长者可达20天，仍可孵出小鸡。实行人工孵化，就可发扬鸡的繁殖潜力。

3. 对饲料营养要求高

一只高产母鸡一年所产的蛋可达15～17 kg。蛋中蛋白质质量分数为11.8％，脂肪为11.0％，矿物质为11.7％，还含有丰富的多种维生素。

一个蛋含有一个新生生命所需要的一切物质。所以鸡蛋蛋白质含有人体必需的各种氨基酸，其组成比例非常平衡，生物学价值居于各种食品蛋白质的首位，比奶、肉类均高。鸡要生产含有这么多营养物质的蛋，必须采食含有丰富营养物质的饲料，而且在数量上要远远高于蛋中的营养。鸡的必需氨基酸为 13 种，各种矿物质、维生素都是不可缺少的。由于鸡的体重小，消化道短，除了盲肠可以消化少量纤维素以外，其他部位均不能消化纤维素，所以鸡不能利用粗饲料。

4. 对环境变化敏感

鸡的听觉不如哺乳动物，但听到突如其来的噪声就会惊恐不安，乱飞乱叫。鸡的视觉很灵敏，鸡舍进来陌生人会引起“炸群”。

家鸡经过长期培育，产蛋量增加很多，但是产蛋受光照时间长短影响这个规律仍在起作用。产蛋期光照突然变化或由长变短都对产蛋不利，甚至引起换羽停产。环境温度、通风换气、湿度等都对鸡的产蛋和健康产生影响，工厂化养鸡的最大特点就是控制了鸡的环境条件。

5. 抗病能力差

鸡的肺脏很小，但连接很多气囊，这些气囊充斥于体内各个部位，甚至进入骨腔中，通过空气传播的病原体可以沿呼吸道进入肺和气囊，从而进入体腔、肌肉、骨骼之中；鸡的生殖孔与排泄孔都开口于泄殖腔，产出的蛋经过泄殖腔，容易受到污染；由于没有横膈膜，腹腔感染很易传至胸部的器官；鸡没有淋巴结，这等于缺少阻止病原体在机体内通行的关卡。尤其在工厂化高密度舍内饲养的情况下对于疫病的控制非常不利。

鸡的传染病由呼吸道传播得多，传播速度快，发病严重，死亡率高，不死也严重影响产蛋，造成很大的损失。

6. 能适应工厂化饲养

实践证明，鸡可以高密度机械化饲养，每只鸡占笼底面积的 400 cm^2，即 1 m^2 笼底面积可以容纳 25 只鸡。由于喂料、饮水、清粪、集蛋全面机械化，因而饲养密度更大。但是从鸡的表现来看，只要条件适宜，在狭窄的笼子里高密度的情况下仍然表现很高的生产性能。鸡的粪便与尿液比较浓稠，饮水少而利索，这给高密度饲养管理带来了有利条件。

五、鸭、鹅基本生活习性

1. 喜水性

2. 合群性

鸭、鹅这种特性便于大群养殖和放牧管理。

3. 耐寒性

鸭、鹅与陆禽相比绒羽厚，羽毛紧密贴身，皮下脂肪厚，具有较强的耐寒性。鸭、鹅尾脂腺发达且经常用喙将油脂涂擦全身毛，增加了防水性。故水禽在0℃左右的气温下，仍可在水中自由活动，在10℃左右的气温条件下，仍可保持较高的产蛋率。

4. 敏感性

鸭、鹅富于神经质，反应敏捷，能较快地接受管理训练和调教。但是性急胆小，易惊群，故管理要特别小心。

5. 杂食性

鸭、鹅的食性广，更耐粗食。

6. 生活的节律性

鸭、鹅具有良好的条件反射能力。活动节奏极有规律性。一日之中的放牧、收牧、交配、采食、洗羽、嬉戏、歇息、产蛋等都有比较固定的时间。这种生活节奏一经形成便不易改变，故不要轻易改变已制定实施的管理操作。

第4节　畜禽的饲养管理知识

一、猪的饲养管理

1. 合理分群饲养

按照猪的品种、性别、年龄、体重、体质、性情和食欲等方面的相近程度，对其进行分群管理，能有效地利用饲料和圈舍，提高劳动生产率和经济效益。

生产中，除种公猪和妊娠（后期）母猪单圈饲养以外，不同年龄的猪均可依照相近体重来组群，为防止合群初期的相互咬斗，可采取“留弱不留强”“拆多不拆少”“夜并昼不并”的方法，或者给猪喷洒同一种药液（如来苏水等），使猪难以分辨窝内混杂不同的气味。此外，并圈最初几天应加强看护和调教。

每圈猪群体大小应依猪舍设施、饲养密度和饲养方式等因素而定。在自然通风、半敞式猪舍内，每圈以10～20头为宜，每头猪所占的圈栏面积以1～1.4 m^2 为宜。

2. 精心调制饲料

青绿饲料应切碎或打浆生喂，可提高采食速度；粗饲料可进行粉碎、浸泡、发酵等处理，以增加采食量；精饲料应粉碎，禾本科子实直接粉碎，豆科子实要炒熟后再粉碎，最后再进行饲料配合。

饲料（除豆科子实）以生饲为好，生饲的优点是节省燃料，减少设备，降低成本；节省劳力，提高劳动生产率；减少营养成分损失，如维生素、蛋白质等在加热过程中易被破坏；避免饲料中毒，如多种蔬菜在加热焖煮时易产生有毒的亚硝酸盐。

生饲饲料的种类不同，其喂法也有差异。

（1）生泡料。将粉碎的精、粗饲料混匀，在水、粉浆或青饲料浆水中浸泡3～8 h即可，料水比控制在1∶2～4，适于35 kg以下的猪食用。

（2）生湿拌料。直接将粉碎的精、粗饲料混匀，按料水比1∶1拌匀即可。

（3）生干粉料。将粉碎的精、粗饲料混匀直接放入食槽让猪自由采食。

3. 及时供给充足的水

猪每采食1 kg干粉料平均需水量为1.9～2.5 kg，夏季高温时的需水量明显增多，可达4～4.5 kg。饮用水应保持清洁、充足，冬季最好是温水。切忌用过稀的饲料代替饮水，因其会减弱咀嚼功能，冲淡消化液，影响消化能力；还会减少饲料干物质采食量，影响增重效果。

4. 创造适宜的生活环境

猪舍应保持清洁干燥、空气新鲜和温湿适宜。一般适宜温度为哺乳仔猪25～30℃，育成猪20～23℃，成年猪15～18℃，生长育肥猪60 kg以内为16～22℃（最低为14℃），60～90 kg之间为14～20℃（最低12℃），90 kg以上时为12～16℃（最低10℃）。适宜的相对湿度为65%～75%，最低为40%。

为给猪创造适宜的环境条件，应做好以下三方面工作：一是夏季防暑降温，如搭凉棚、洗澡或洒水，增加饮水次数，定时通风换气等；二是冬季防寒保暖，如敞舍可用塑料薄膜覆盖，封闭式猪舍加强保温隔热设计，窗蒙塑料薄膜，门加门斗或棉帘等；三是定期消毒，预防疫病。

5. 建立稳定的生活制度

根据猪的生活习性和实践观察，稳定的生活制度应做到“六定”，其具体内容和要求如下。

（1）定群。指尽量保持猪群的稳定，除因疾病、体质太弱或体重差别太大等情况需加以调整外，不应任意变动。

（2）定人。指固定管理人员（甚至固定的服装等），以免影响猪条件反射的稳定性。

（3）定时。指每天按时饲喂，能促进消化腔的定时活动，提高饲料利用率。

（4）定量。指定量喂料，以防止猪不同顿次之间因采食量差异太大而造成饥饱不均。

（5）定温。指根据不同季节气温的变化调节饲料及饮水的温度，做到“冬暖、夏凉、春秋温”。

（6）定质。指日粮的营养配合不要变动太大，并保证饲料的清洁新鲜，确需变换饲料时应逐步（至少5～7天）改变。

二、肉用牛的饲养管理

1. 肉用牛的营养

牛是瘤胃动物，可大量利用饲料中的粗纤维，瘤胃中的大量微生物还可把饲料里的非蛋白氮转化成牛生长发育能利用的微生物体蛋白质。

（1）能量需要。牛的能量需要包括维持需要和增重需要两部分。

1）肉牛的维持需要。指肉牛处于休闲状态，不增重不减重，仅为维持正常生理机能所需要的能量。体重越大，维持需要的能量就越多。因此，尽量减少维持所需能量的消耗，如调节环境温度减少运动量和缩短饲养期，便可节约成本，提高饲养效益。

2）肉牛的增重需要。肉牛增加体重（肌肉、骨骼、体组织、体脂肪沉积等）所需要的能量。一般情况下，青年母牛增重需要大于青年公牛，年龄大的牛增重需要大于小龄牛，沉积脂肪多的牛能量需要大于长瘦肉的牛。

（2）蛋白质需要。分维持和增重需要两部分，其中主要是满足增重需要，其次是补充牛体组织的损失，供应毛发、角、蹄的生长。肉牛日粮中常用的蛋白质饲料是各种饼（粕）类。

(3) 粗纤维的需要。以干物质计，在牛的日粮中粗纤维的比例最少为15%，在育肥最终阶段必须保证相当量的粗饲料，否则牛的采食量会明显下降。

(4) 矿物质需要。牛需要的矿物质种类很多，正常情况下，一般饲料都能满足，只有个别地区土壤中缺乏某些矿物质时，才会引起牛的矿物质缺乏。牛易缺乏的矿物质有钙、磷和碘，故应注意这些矿物质的补充。

(5) 维生素需要。牛需要的维生素种类很多，在肉牛育肥中有较大意义的有维生素A、维生素D和维生素E等。牛瘤胃内能合成复合维生素，因此，其他种类的维生素不易缺乏，但需补充一定量的维生素C。

(6) 水。水是肉牛体组织的一部分，犊牛体内含水达70%，成年牛体内含水也达到50%。肉牛在只有水而无饲料的条件下，能维持生命的时间比没有水只有饲料的时间长。因此，在肉牛的饲养过程中，一定要保证水的充足供应。

2. 肉牛的饲养管理

(1) 怀孕母牛的饲养管理。母牛怀孕中后期，胎儿生长发育很快，从母体吸收大量营养，同时母牛体内需蓄积一定养分，以保证以后的产奶量。这个阶段，应防止母牛过肥，保持中上等膘情即可。放牧饲养时，可延长放牧时间，并根据草的质量决定是否补饲；舍饲时应单独组群饲养，保证日粮中各营养需要，并要有充足的饮水和运动。

(2) 哺乳母牛和犊牛的饲养管理。主要是使母牛达到足够的泌乳量，以供犊牛生长发育需要。放牧饲养时，应选择质量好的草场，犊牛跟随母牛放牧；舍饲时按标准配合日粮并适当搭配精饲料，犊牛每天哺乳量应不少于5 kg，否则也许会停止生长发育，一般到6～7月龄即可断奶。应提早让犊牛采食青粗饲料和精料，并给予充足饮水。

(3) 生长牛的饲养管理。育成母牛的日粮应以青粗饲料为主，充分采食青草、青贮和干草。育成公牛应保证青粗饲料质量，增加精饲料量，以获得较高的日增重并防止草腹。

(4) 种公牛的饲养管理。种公牛的营养重点是蛋白质、胡萝卜素和矿物质。饲养以精料为主，配合以青粗饲料。日粮组成应相对稳定。

3. 肉牛的育肥

影响肉牛育肥的因素很多，如经济类型、品种、营养水平、饲料种类、饲喂方式、抗生素、激素、性别、环境等都可影响肉牛育肥结果。在实际生产中，应根据不同的情况，选择合适的育肥方法，在节省饲料和人力的情况下，尽可能在短期内达到育肥目标，提高育肥经济效益。

（1）架子牛育肥。在以放牧为主的条件下，特别是中等质量以下的草场，一般饲养管理粗放，这种饲养方式可节约精饲料、块根饲料和青贮饲料，但饲养期较长，出栏时间较迟。出栏前为了加大体重，增加体脂肪的沉积，改善肉质，需要集中育肥60～90天。在育肥期，为了节约精饲料，可采用加工副产品（如甜菜渣）、干草、尿素和少量精料或青贮料。玉米青贮和优质青草是育肥架子牛的好饲料，在低精料的情况下，能达到较高的日增重。

（2）持续育肥。犊牛断奶后也可直接转入生长—育肥阶段，一直保持很高的日增重，直至达到屠宰体重。这种育肥方法为持续育肥。一般多采用玉米青贮、干草、谷物和饼类并配合尿素进行饲养。持续育肥可达到较高的日增重，而且饲养期也短。

三、肉羊的饲养管理

1. 肉羊的饲养管理

肉羊具有成熟早、早期饲料利用率高、体重增长快和繁殖力高的特点。它要求有较高的饲养管理条件，在日粮中不仅要求采食鲜嫩多汁的饲草，还需要喂给富含蛋白质、能量高的饲料。

（1）肉羊对草料的利用特点

1）要求鲜嫩、多汁及富含蛋白质的饲料。在我国，肉羊的饲料主要有青绿鲜嫩饲料、青贮饲料、干粗饲料、精饲料、多汁饲料、动物性饲料和无机盐饲料等。

2）满足生长和育肥期营养的需要。在肉羊的饲养中，随着饲养期的延长，单位增重的饲料消耗会成倍增加，草料的转化效率低。所以，应充分利用早期羔羊生长快的优势，采用羔羊当年育肥出栏的方法，可减少越冬度春的草场压力，降低草料消耗，提高饲料转化率。

3）种公羊的饲养管理。肉用种公羊的饲养管理应维持中上等膘情。饲料要求有高营养价值，有足量优质的蛋白质、维生素A、维生素D及无机盐，且易消化，适口性强。

4）母羊的饲养管理。母羊的饲养包括空怀期、妊娠期和哺乳期三个阶段，三个阶段的营养需要各不相同，且饲料应按每阶段的标准营养和能量需要进行配制。

（2）羔羊哺乳期和育成期的饲养管理。羔羊出生后至1月龄基本以母乳为主，但应尽早训练其开始食草，到2月龄基本以采食为主。羔羊在3～4月龄时断乳，断乳后由于生长速度很快，故应保证日粮中能量和蛋白质的需求，在放牧的同时，也要及时补饲。

2. 肉羊的育肥

育肥的目的是为了在短期内，用低廉的成本，获得质好量多的羊肉。我国绵羊的育肥可分为放牧育肥、混合育肥和舍饲育肥。

（1）放牧育肥。放牧育肥是最经济的方法，我国牧区和农区常用此法。放牧育肥一般在8～9月份，到11月份屠宰。

（2）混合育肥。在秋末对膘情不好的羊补饲精料，经30～40天后屠宰。

（3）舍饲育肥。充分利用粮食加工厂的副产品进行育肥，时间为75～100天。时间过短，育肥效果不明显；过长，饲料报酬低。育肥结束的羊即可屠宰。

国外现在多为工厂化育肥，利用颗粒饲料和混合饲料进行，饲料内添加一些微量元素、瘤胃代谢调节剂、生长促进剂及抑制有害微生物的物质等，这样不仅可以增加育肥羊的抗病性，还可提高日增重和饲料转化率。

四、家禽的饲养管理

1. 家禽的营养

家禽体温高，生长快，产蛋多，物质代谢旺盛，因而在营养需要上按同样体重比家畜需要更多的能量、蛋白质、矿物质和维生素。

（1）能量。家禽日粮中碳水化合物和脂肪是能量的主要来源。由于家禽对纤维的消化能力低，因此，必须喂给含纤维少而含淀粉多的日粮。日粮中过多的淀粉可转化成脂肪，且大部分脂肪酸都可在体内合成，一般不存在脂肪缺乏的问题，但亚油酸在体内不能合成，必须从饲料中获得。环境温度对能量的需要影响很大，环境温度低时，代谢加快，此时需要的能量比适温时多。家禽种类和品种不同，所需日粮的能量水平也不同，因此，在饲养时应根据具体情况，合理调配日粮的能量水平，以保证家禽需要。

（2）蛋白质。蛋白质是禽体细胞和禽蛋的主要成分，肌肉、皮肤、羽毛、神经、内脏器官以及酶类、激素、抗体等均含有大量的蛋白质。蛋白质不能由其他物质来代替，日粮中必须含有足量蛋白质；否则，家禽的生长和发育缓慢，食欲减退，羽毛生长不良，甚至停止采食，体重下降。在保证日粮中蛋白质量的同时，还应保证蛋白质中各种氨基酸的比例合适。

（3）矿物质。矿物质是家禽正常生长、生活所不可缺少的重要物质。在矿物质中，家禽对钙和磷的需要量最多。缺乏钙和鳞，雏禽会患软骨病，成年家禽会蛋壳变薄，产蛋减少。除此之外，钾、镁、硫、铁、锌、铜、锰、碘和硒等微量元素对家禽的生长发育也起着不可代替的作用，因此，日粮中这些矿物质也不能缺乏。

（4）维生素。家禽对维生素的需要量很小，但它们在禽体物质代谢中起着重要作用。

（5）水。水在养分的消化吸收、代谢废物的排泄、血液循环和体温调节上起着重要的作用。饮水不足，则饲料消化吸收不良，血液浓稠，体温上升，生长和产蛋都受到影响。成鸡的饮水量约为采食量的 1.6 倍，雏鸡比例则更大。

2. 饲养方法

（1）饲料形状。饲料按形状可分为粉料、粒料和碎料。

1）粉料是将日粮中的全部饲料调成粉状，然后加上维生素、微量元素混合均匀而成。这种料的优点是家禽不能挑食，可以吃到完全的配合饲料。

2）粒料主要是碎玉米、草籽、土粮、发芽的麦类等。鸡喜欢粒料，采食容易，消化时间长，适宜于在傍晚，尤其是冬天的傍晚饲喂。颗粒料是将日粮中各种原料粉碎，混合后再压成颗粒。这种料适口性好，特别适合饲喂肉用仔鸡。

3）碎料是将日粮先加工成颗粒，然后再打成碎料，适合于各年龄的家禽使用。

（2）饲喂方法。饲料可湿喂或干喂，湿料适口性好，但容易变质；干料多采用自由采食，每天上午和下午各给料一次。

（3）饲料需要量。饲料需要量应根据孵化季节、日粮能量水平、料槽结构、喂料方法和鸡群健康状态等进行合理安排。饲料不足，会影响家禽的生长和健康；饲料过剩，不仅浪费，也会使家禽采食过多而变肥，生产力下降。为了防止饲料浪费，必须合理配合日粮，应按标准要求供给，不可过多也不可过少。此外，采食槽的构造和高度要合适，日粮的形状和添加方法都要合理。

（4）限制饲养。肉用鸡生长快，自由采食，消耗过多的饲料，体重过大，性成熟早，但蛋重小，种鸡的繁殖力和产蛋量低。为防止上述现象，且要提高产蛋量和种蛋合格率，对肉用型鸡均采用限制饲养。饲料的限制程度应根据体重变化来决定。

（5）分阶段饲养。根据鸡的产蛋水平和年龄将产蛋期划分为若干阶段，并考虑环境温度按不同阶段喂以不同水平的蛋白质、能量和钙量的日粮，使饲养更趋合理并节省蛋白质消耗，这种饲养方法叫分阶段饲养。有的分成两段，也有的分成三段。

3. 家禽的管理

（1）环境因素对家禽的影响和环境控制。环境因素对家禽的影响。对家禽影响较大的环境因素有温度、相对湿度、空气、光照等。

1）温度。温度对家禽的性成熟、受精、产蛋、蛋重、蛋壳厚度以及饲料效率等都有影响。对成年家禽来说适宜的温度范围为5～27℃，产蛋适温为13～20℃。高温对家禽极为不利。因家禽无汗腺，通过表皮的蒸发只能散发有限的水分，再加上羽毛的覆盖使这种作用进一步受到限制，因此，几乎完全靠呼气来进行蒸发散热。环境温度达到37.8℃时，鸡就有发生昏厥的危险，超过40℃时，环境温度越高，鸡的存活时间越短。家禽比较耐寒，但温度过低同样有害，最低适温应在0℃以上。

2）相对湿度。家禽适宜的相对湿度为60％～70％。低于40％时，幼禽的羽毛则会生长不良，成年家禽羽毛零乱，皮肤干燥，空气中尘埃飞扬，易诱发呼吸道疾病；高于70％时，家禽的羽毛粘连、污秽，关节炎的发病会增多。

3）空气。家禽的禽舍应通风、密度应合理。空气中的有害气体氨的含量偏高对家禽也危害很大，故应经常打扫禽舍，注意通风，尤其在夏天更应注意。

4）光照。光照可提高家禽的新陈代谢，增进食欲，使红血球和血红素的含量增加，同时还可使家禽皮肤内的7—脱氢胆固醇转变为维生素

D_3，促进钙、磷的代谢。阳光照射能够杀菌，并可使禽舍干燥，有助于预防疾病。但阳光不能过强，否则对家禽有危害。

（2）环境控制

1）温度控制。除了雏禽舍外，一般不供暖，温度控制主要靠调节通风量来实现。

2）光照控制。对光照的控制，一是照度，二是时间。控制光照比较简单，只需到时开灯、关灯即可。强度控制主要是安装较多的、功率相同的灯泡，可以根据灯泡数来实现不同强度的光照。

3）舍外病原体的控制。应在所有进气口安装空气过滤器，上面还可配合使用消毒剂，并应使进入禽舍的人员与设备必须消毒。

4. 肉鸡的管理

（1）肉用仔鸡的管理。主要是缩短饲养期，增加仔鸡体重，减少料耗，提高成活率和商品合格率。

1）管理方式。多采用平养分圈管理。优点是增重快、成活率高、残次品少；缺点是占用土地面积大，需用大量的垫料，易于通过粪便传播疾病。也可采用笼养，但应注意通风换气。

2）注意事项。采用全进全出制，全出后进行彻底清扫和消毒，这样生产饲养的仔鸡增重多，耗料少，死亡少。同时还应注意对环境进行控制，主要是温度、相对湿度、通风量和光照，并在饲养过程中给予充足的饮水和饲料，实行雌雄分养，并及时剔除残次品。

（2）肉用种鸡管理。主要是防止过肥，保持种鸡良好的体况与繁殖性能，从每只种鸡获得尽可能多的健康后代。管理上应主要控制鸡的体重，采用高蛋白质和高钙日粮，但限制采食，并注意饲养密度和光照等。

5. 肉鸭的管理

填鸭如北京鸭管理的重点在于使填鸭快速增重，鸭体加速沉积脂肪，特别是肌肉间脂肪，以改善屠体品质，使其肉质肥美、柔嫩多汁，同时，缩短添肥期，降低料耗和伤残。操作中应注意开填日龄和添食方法、添食量，采用合理的饲养密度，并及时对填鸭的肥度进行检验。

放牧鸭在管理中应注意放牧时间和放鸭技术，如先适应和锻炼，逐渐延长放牧时间。湖泊和海滨养鸭应注意放养密度，并合理补充饲料。

6. 鹅和火鸡的管理

（1）肉鹅的管理。鹅的体型大，善食草，易育肥。雏鹅一般 3 周后开始户外觅食。放牧时最好实行区轮牧，并根据植被情况和采食情况每周补饲0.5～1 kg谷物。如果草生长不良，补饲不足，鹅的体重轻，肥度差，可在上市前育肥2～3周。

(2) 火鸡的管理。火鸡可采用放牧或禽舍饲养。放牧时最好分块，按草质轮换放牧；舍饲的火鸡应注意饲养密度不宜过大，还要注意禽舍通风良好，同时给予合适的光照时间和强度。

第三章 肉的基础科学知识

第1节 肉的组织结构

在肉品加工生产中，从商业观点出发，研究肉加工利用的价值，因此，通常所说的肉包括两层含义。广义地讲，凡是可作为人类食用的动物体组织都可以叫做“肉”；狭义地讲，肉是指家畜在屠宰之后，除去毛皮（也有不去皮的）、内脏、头、蹄、尾的胴体，俗称“白条肉”，包括皮肤、肌肉、脂肪、骨骼、软骨、腱、肌膜、血管、神经、淋巴结和腺体等。肌肉组织是指骨骼肌，即俗称的“瘦肉”或“精肉”，不包括平滑肌和心肌。脂肪组织中皮下脂肪称为“肥肉”或“肥膘”。根据骨骼肌颜色的深浅，肉又可分为“红肉”，如牛、羊、猪肉，“白肉”，如禽肉和兔肉。屠宰过程中产生的副产物，如胃、肠、心、肝、脾等称为脏器，俗称“下水”。鸡、鸭、鹅等禽类的肉统称为“禽肉”。

肉主要是由肌肉组织、脂肪组织、结缔组织和骨骼组织四大部分组成。这些组织的构造、性质及其含量直接影响肉品质量、加工用途和商品价值，根据屠宰家畜的种类、品种、性别、年龄和营养状况等因素不同而有很大差异。一般来讲，成年家畜的骨骼组织含量比较恒定，约占20%左右，脂肪组织变动幅度较大，低者至2%～5%，高者可达40%～50%，主要取决于育肥程度。肌肉组织约占40%～60%，结缔组织约占12%左右。牛、猪、羊胴体各组织占总质量的百分比见表3—1。除动物的种类外，不同年龄的家畜其胴体组成也有很大差别，见表 3—2。肌肉组织为胴体的主要组成部分，肌肉组织含量越高，含蛋白质量越多，营养价值就高；结缔组织含量越多，肉越肥，相对的肌肉组织比例下降，营养价值也随之降低。因此，了解肌肉的结构、组成和功能对于掌握肌肉在宰后的变化、肉的食用品以及利用特性都具有重要意义。

表 3—1　肉的组织结构占胴体重量的百分比 %

组织名称	牛肉	猪肉	羊肉
肌肉组织	57～62	39～58	49～56
脂肪组织	3～16	15～45	4～18
骨骼组织	17～29	10～18	7～11
结缔组织	9～12	6～8	20～35
血液	0.8～1	0.6～0.8	0.8～1

表 3—2　不同月龄猪胴体各组织的比例

月龄	肌肉组织	脂肪组织	骨骼组织
5	50.3	31.0	10.4
6	47.8	35.0	9.5
7.5	43.5	41.4	8.3

一、肌肉组织

肌肉组织是肉的主要成分，在组织学上可分为骨骼肌、平滑肌和心肌三类，占胴体的 50%左右。骨骼肌与心肌因其在显微镜下观察有明暗相间的条纹，因而又被称为横纹肌。由于骨骼肌的收缩受中枢神经系统的控制，所以又称随意肌，而心肌与平滑肌称为非随意肌。与肉品加工有关的主要是骨骼肌，所以重点介绍骨骼肌的构造与形态。

1. 骨骼肌

畜体大约有 600 块以上形状各异、大小不同的肌肉，但其基本构造是一致的。肌肉的基本构造单位是肌纤维，从组织学角度讲，肌肉组织是由丝状的肌纤维集合而成的。每 50～150 条肌纤维聚集成束（称为肌束），外包一层结缔组织鞘组织鞘膜（称为肌内周膜或肌束膜），这样形成的小肌束也称初级肌束，由数十条初级肌束集结在一起并由较厚的结缔组织膜包围而形成了次级肌束（又称二级肌束），由许多次级肌束集结在一起便构成了肌肉。肌束内，每一根肌纤维之间由微细纤维网状组织连接，这些纤维网称为肌内膜，肌肉外面包有一层较厚的结缔组织称为肌外膜。这些分布在肌肉中的结缔组织膜既起着固定肌肉结构的作用，又起着保护作用。在肌内膜和肌外膜之间分布着丰富的血管、神经并沉积着脂肪，而微血管、神经呈现大理石样纹理，赋予肌肉良好的嫩度和多汁性。肌肉的显微结构，如图 3—1 所示。

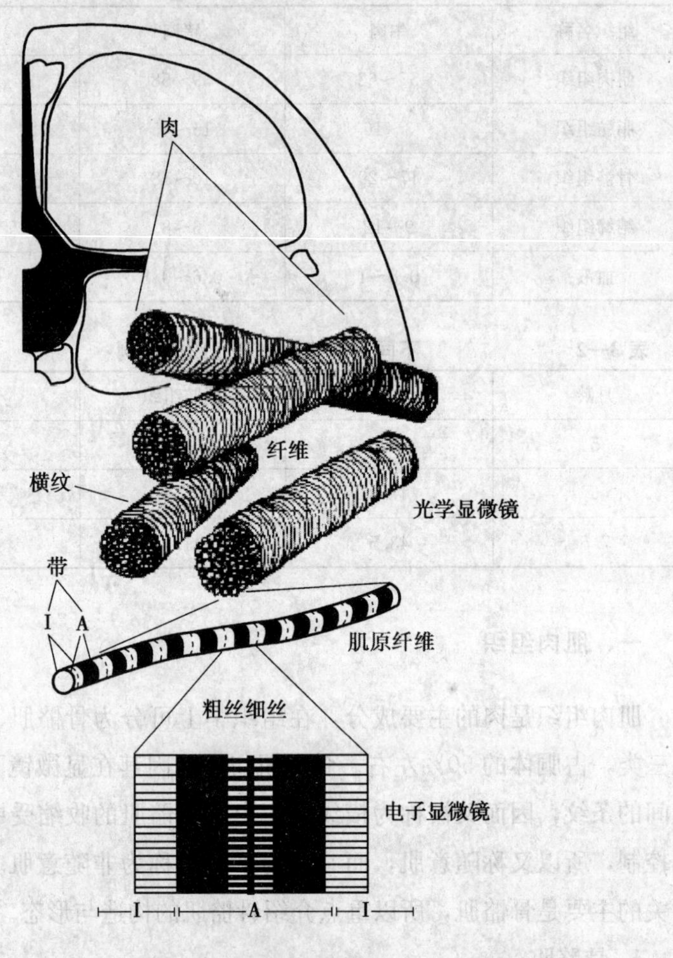

图 3—1　肌肉的显微结构

(1) 肌纤维。和其他组织一样，肌肉组织也是由细胞构成的，但肌细胞是一种高度特殊化的细胞，呈长线状，不分枝，两端逐渐尖细，因此称为肌纤维（也称肌纤维细胞），主要由肌原纤维、肌膜、肌浆和肌核等组成，在肌细胞中充满许多平等排列且纵贯细胞全长的肌原纤维，肌纤维直径为 10～100 μm，长度为 1～40 mm，最长可达 100～200 mm。

（2）肌原纤维。肌原纤维是肌细胞独特的细胞器，也是肌纤维的主要成分，占肌纤维固形成分的60%～70%，是肌肉的伸缩装置。肌原纤维在电镜下呈长圆筒条状结构，其直径为1～3 μm，其长轴与肌纤维的长轴相平行，并浸于肌浆中。肌原纤维从形态上看是明暗相间的横纹结构，从构成上看，是由许多重复的单位组成的，称之为肌节，肌节是肌原纤维的重复构造单位，是肌肉收缩、松弛交替的基本单位。肌节的长度是不恒定的，它取决于肌肉所处的状态。当肌肉收缩时，肌节变短；松弛时，肌节变长。哺乳动物放松时的肌肉，其典型的肌节长度为2.5 μm。肌纤维结构示意图如图3—2所示。

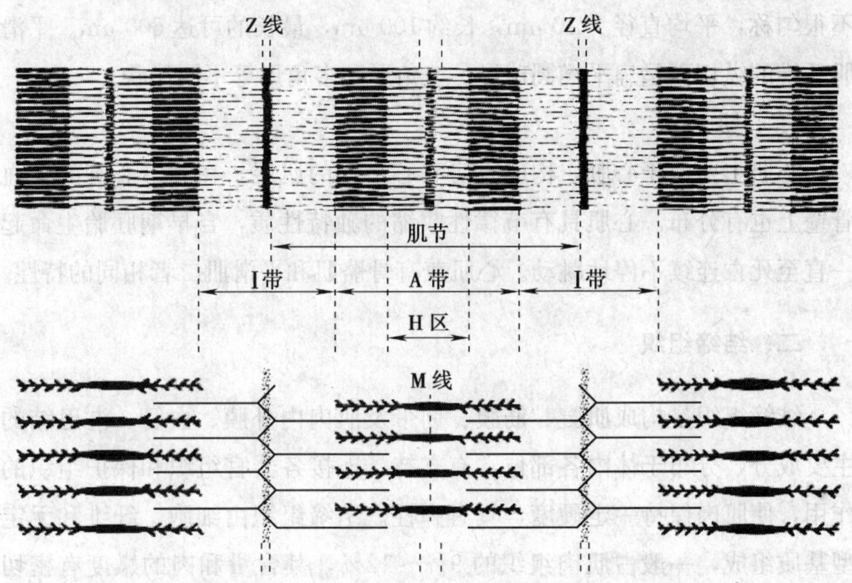

图3—2 肌纤维结构示意图

（3）肌膜。肌膜是由蛋白质和脂质组成的，具有相当的韧性，因而可随肌纤维的伸长、收缩和大范围的弯曲。肌膜的构造、组成和性质与体内其他细胞膜一致。肌膜向内陷形成一个网状的管，称为横小管，通常称为T－系统或T小管。

（4）肌浆。肌纤维的细胞质称为肌浆，填充于肌原纤维间和核的周围是细胞内的胶体物质，所含水分为75%～80%，其中有各种细胞器，呈红色。肌浆内富含肌溶蛋白、肌糖原及其代谢产物、无机盐类等。骨骼肌的肌浆内分布有发达的线粒体，说明骨骼肌的代谢十分旺盛。肌浆中还有一种重要的器官称为溶酶体，它是一种小胞体，内含有多种酶。其中分解蛋白质的酶称为组织蛋白酶，有几种组织蛋白酶均对某些肌肉蛋白质有分解作用，它们对肉的成熟具有很重要的意义。

(5) 肌细胞核。骨骼肌纤维为多核细胞，因其长度变化大，每条肌纤维所含的数目不定。一条几厘米的肌纤维可能有数百个核。细胞核呈椭圆形，位于肌纤维边缘，紧贴在肌纤维膜下，呈有规则的分布，核长约为 5 μm。

2. 平滑肌

平滑肌由成束或分层聚集的平滑肌纤维细胞构成，广泛分布在动脉管壁、淋巴管、胃肠和生殖管道，但在肌肉中仅占一小部分。平滑肌纤维的大小与形状因分布的部位不同而不同，多为纺锤形，也有的形状并不很匀称，平均直径为 10 μm，长约 100 μm，最长的可达 500 μm。平滑肌纤维的纵切面呈扁平椭圆球形、三角形和多角形等不同形状。

3. 心肌

心肌主要位于心脏，构成心房和心室壁的肌层，在靠近心脏的大血管壁上也有分布。心肌具有节律性收缩的独特性质，自早期胚胎生命起一直至死亡连续不停地跳动。心肌兼有骨骼肌和平滑肌二者相同的特性。

二、结缔组织

结缔组织是构成肌腱、筋膜、韧带及肌肉内外膜、血管、淋巴结的主要成分，分布于体内各部位，有支持、连接各器官组织和保护组织的作用，使肌肉保持一定硬度，具有弹性。结缔组织由细胞、纤维和无定型基质组成，一般占肌肉组织的 9%～12%，其含量和肉的嫩度有密切关系。结缔组织的主要纤维有胶原纤维、弹性纤维和网状纤维三种，以前两者为主。

1. 胶原纤维

胶原纤维呈白色，故称白纤维，纤维呈波纹状，分布于基质内。纤维长度不一，粗细不等，直径为 1～12 μm，有韧性及弹性，每条纤维由更细的原胶原纤维组成。胶原蛋白在白色结缔组织中含量较多，是构成胶原纤维的主要成分，约占胶原纤维固形物的 85%。胶原纤维广泛分布于皮、骨、腱、动脉壁及哺乳动物肌肉组织的肌内膜、肌束膜中。胶原蛋白是机体中最丰富的简单蛋白，相当于机体总蛋白质的 20%～25%。胶原蛋白中含大量的甘氨酸，约占氨基酸总量的 30%，并含有 12%左右的脯氨酸和少量羟脯氨酸。脯氨酸和羟脯氨酸是胶原蛋白特有的，可用于区别其他蛋白质。胶原蛋白中缺少色氨酸、酪氨酸和蛋氨酸等必需氨基酸，因此是不完全蛋白质。胶原纤维是肌腱、皮肤、软骨等组织的主要成分，在沸水或弱酸中变成明胶，易被酸性胃液消化，而不被碱性胰液消化。

2. 弹性纤维

弹性纤维颜色为黄色，故又称黄纤维，伸缩性大，因纤维粗细不同而有分枝，直径为 0.2～12 μm，没有原纤维，主要存在于细胞外。弹性纤维的主要化学成分为弹性蛋白，弹性蛋白的含量占弹性纤维总固形物的 25%左右，弹性蛋白在很多组织中与胶原蛋白共存，但在皮、腱和肌膜等组织中含量较少，而在血管壁、韧带等组织中含量较高。弹性蛋白有很强的弹性，被蛋白酶消化，但胰蛋白酶，胃蛋白酶等的消化作用不明显，而无花果蛋白酶，木瓜蛋白酶等植物性蛋白酶和胰弹性蛋白酶对其有较强的消化能力。在弹性蛋白的氨基酸组成中甘氨酸含量最多，羟脯氨酸较少，也是不完全蛋白质。

3. 网状纤维

网状纤维主要分布于疏松结缔组织与其他组织的交界处，如在肌膜、脂肪组织、毛细血管和神经周围，均可见到极细致的网状纤维。网状纤维与胶原纤维的化学性质相同，但比胶原纤维细，直径为 0.2～1 μm，在基质中很容易附着较多的黏多糖蛋白，可被硝酸银染成黑色，其主要成分为网状蛋白。网状蛋白属于糖蛋白类，由糖结合黏蛋白和类黏糖蛋白构成为非胶原蛋白。肌束和肌肉骨膜之间存在的网状蛋白便于肌肉群的滑动。网状蛋白性质稳定，耐酸、碱、酶的作用。

结缔组织的含量决定于年龄、性别、营养状况及运动等因素，老龄、公畜、消瘦及使役的动物结缔组织含量高。同一动物不同部位结缔组织含量也不同，一般来讲，前躯由于支持沉重的头部而结缔组织较后躯发达，下躯较上躯发达。胴体各部位结缔组织含量见表 3—3。

表 3—3　　胴体各部位结缔组织的含量　　%

部位	结缔组织含量	部位	结缔组织含量
前肢	12.7	后肢	9.5
颈部	13.8	腰部	11.9
胸部	12.7	背部	7.0

结缔组织中的蛋白质为非全价蛋白，不易消化吸收，食用价值较低，结缔组织含量高还使肉的硬度增加。但可以利用其加工胶冻类食品。牛肉结缔组织的吸收率仅为25%。由于各部的肌肉结缔组织含量不同，其硬度也不同，具体情况见表3—4。

表3—4　　肉80℃煮制60 min的硬度

肌肉	胶原蛋白含量（%）	剪切力值（Pa）	肌肉	胶原蛋白含量（%）	剪切力值（Pa）
背最长肌	12.64	2.2×10	前臂肌	14.46	2.6×10
半膜肌	11.22	2.3×10	胸肌	20.26	2.6×10

肌外膜由含胶原纤维的致密结缔组织和疏松结缔组织组成，还伴有一定量的弹性纤维。背最长肌、腰大肌、腰小肌中的这两种纤维都不发达，肉质较嫩；在半腱肌中这两种纤维都发达，肉质较硬；股二头肌外侧弹性纤维发达而内侧不发达，颈部肌肉胶原纤维多而弹性纤维少。肉质的软硬不仅决定于结缔组织的含量，还与结缔组织的性质有关，如老龄家畜的胶原蛋白分子交联程度高、弹性纤维含量高，故肉质硬。

三、脂肪组织

脂肪组织是胴体中仅次于肌肉组织的组成部分，具有较高的食用价值。对于提高肉质、风味均有重要意义。脂肪在肉中的含量变动较大，主要取决于动物种类、品种、年龄、性别及育肥程度。脂肪组织是一种特异分化的结缔组织，是疏松状结缔组织的变形。当动物体能消耗过大，机体消瘦时，脂肪会逐渐消失，而恢复为原来的疏松状结缔组织纤维，主要是胶原纤维和少量的弹性纤维。

脂肪的构造单位是脂肪细胞。脂肪细胞或单个或群体地借助于疏松结缔组织连在一起，细胞中心充满脂肪滴，细胞核被挤到周边，脂肪细胞外层有一层膜，膜由胶状的原生质构成，细胞核就位于原生质中。脂肪细胞是动物体内最大的细胞。直径为30～120 μm，最大者可达250 μm，脂肪细胞越大，里面的脂肪滴越多，因而出油率也高。脂肪细胞的大小与畜禽的肥育程度及不同部位有关，如猪皮下脂肪的直径为152 μm，而腹腔脂肪为100 μm。肥育后牛的肾脏脂肪直径比肥育前增加近一倍。

脂肪在体内的蓄积根据动物的种类、品种、年龄、肥育程度不同而不同，如猪脂肪主要蓄积在皮下、体腔、卵巢及肌胃周围。脂肪在活体组织内主要分布在皮下、腹膜下、肠系膜、大网膜、心外膜及肾周围等处，有储存营养物质、保护、充填、缓冲、润滑和保温等作用。脂肪在肌纤维间沉着，对改善肉的感官性状，增加适口性，促进蛋白质的吸收有重要作用。另外，在肉中的脂肪是风味的前体物质之一，故肥育的家畜肉较未肥育的食用价值高。

脂肪组织中脂肪占绝大部分，为87%～92%，其次是水分，大约为6%～10%，蛋白质为1.3%～1.8%以及少量的酶、色素和维生素。

四、骨骼组织

骨骼是特殊分化了的结缔组织，由骨膜、骨质和骨髓等构成。骨头含水约50%，脂肪约15%，其他有机物和无机物约35%。骨头中这些成分并非一成不变，而是随着动物的年龄、品种、营养、使役育肥等情况存在着差别的。

骨膜是淡红色致密结缔组织，覆盖在骨的表面，含有丰富血管、神经和成骨细胞，对骨有保护、营养、新生等作用。

骨质是构成骨的主要成分，有密质骨和松质骨两种。

骨髓是骨髓腔和松质骨小梁之间的一种柔软组织，有红骨髓和黄骨髓两种。随着年龄的增长，红骨髓逐渐为脂肪组织代替，成为黄骨髓。

骨中的无机成分主要是磷酸钙，其次是碳酸钙、氟化钙、磷酸镁、磷酸钠等。有机物除脂肪外，主要是胶原纤维。

第2节 肉的化学组成

畜禽肉类的化学成分主要有水、蛋白质、脂肪、碳水化合物、维生素、矿物质等。这些成分受动物的种类、性别、年龄、饲养条件、营养状态及畜体的部位不同而有所不同，并且由于宰后肉内酶的作用，对其成分也有一定的影响。一般来讲，肌肉组织中所含的固体物质中蛋白质是主要成分，占3/4左右。不同畜禽，不同部位肉的组成和骨骼肌的化学组成见表 3—5、表 3—6、表 3—7。

表 3—5　各种畜禽肉的化学组成　%

名称	水分	蛋白质含量	脂肪含量	灰分
牛肉（瘦）	65.7～71.3	16.5～21.3	7.9～13.7	0.8～1.1
牛肉（肥）	47.1～62.3	15.0～19.5	18.7～35.7	0.8～1.0
犊牛肉（瘦）	72.3～76.3	20.4～21.3	1.9～6.1	1.1～1.2
犊牛肉（肥）	69.9～73.3	18.7～20.2	6.5～19.3	0.9～1.0
羊肉（瘦）	50.2～67.4	16.0～19.8	12.4～16.3	0.7～1.1
羊肉（肥）	39.9～43.3	13.9～14.7	41.7～44.9	1.0～1.1
羔羊肉	53.1～63.9	18.3～19.1	16.5～28.3	0.8～1.0
猪肉（瘦）	65.2～72.6	17.4～20.1	6.6～12.7	1.0～1.1
猪肉（肥）	38.7～57.2	12.4～14.5	34.2～50.0	0.8～1.0
马肉	75.9	20.1	2.2	0.9
鹿肉	78.0	19.5	2.5	1.2
兔肉	73.5	24.2	1.9	1.5
鸡肉	71.8	19.5	7.8	2.0
鸭肉	71.2	23.7	2.7	1.2
骆驼肉	76.1	20.8	2.2	0.9

表 3—6　畜禽不同部位肉的化学组成　%

部位名称	水分	蛋白质含量	脂肪含量	灰分
猪肉				
腿肉	74	20.5	5	1.0
背肉	73	22.4	3	1.0
里脊	75	18.7	5	0.9
肩肉	65	17.1	17	0.8
肋条肉	61	17.5	20	0.8
腹肉	58	15.8	25	0.7
牛肉				
腿肉	69	19.5	11	1.0
背肉	57	16.7	25	0.8
臀肉	55	16.2	28	0.8
肩肉	65	18.6	16	0.9
肋条肉	59	17.4	23	0.8
腹肉	65	18.6	18	0.9
犊牛肉				
腿肉	68	19.1	12	1.0
背肉	70	19.0	5	1.3
肩肉	70	19.4	10	1.0
胸肉	48	12.8	37	1.0
背肉	65	18.6	16	0.7
肋条肉	52	14.9	32	0.8

表 3—7　　骨骼肌的化学组成　　%

成分	含量	成分	含量
水分	75.0	磷脂	1.0
蛋白质	18.5	胆固醇	0.5
肌原纤维蛋白	9.5	非蛋白含氮物	1.5
肌球蛋白	5.0	肌酸与磷肌酸	0.5
肌动蛋白	2.0	核苷酸类（ATP、ADP 等）	0.3
原肌球蛋白	0.8	游离氨基酸	0.3
肌原蛋白	0.8	肽	0.3
肌浆蛋白	6.0	其他物质（IMP、NAD）等	0.1
肌溶蛋白	5.5	无氮浸出物	1.0
肌红蛋白	0.3	糖原	0.8
血红蛋白	0.1	葡萄糖	0.1
肌粒蛋白	0.1	无机成分	1.0
基质蛋白	3.0	钾	0.3
胶原蛋白和网状蛋白	1.5	总磷	0.2
弹性蛋白	0.1	硫	0.2
其他不可溶蛋白	1.4	氯	0.1
脂类	3.0	钠	0.1
中性脂类	1.0	其他（镁、钙、铁、钴、铜、锰等）	0.1

一、水分

水分是肉中含量最多的组成成分，且分布不均匀，其中肌肉含水为70%～80%，骨骼为12%～15%，皮肤为60%～70%。水的含量受很多因素的影响，畜禽膘情越好，肉中水分含量越少，畜禽年龄越大，肉中水分含量越低。如果把肉看做是一个复杂的胶体分散体系，水即为溶媒，其他成分是溶质以不同形式分散在溶媒中的。肉中水分含量多少及存在状态影响肉的加工质量及储藏性。一般来讲，保持适宜比例水分的肉和肉制品鲜嫩可口、多汁味美、色彩艳丽，但水分过多时，细菌、霉菌等微生物容易繁殖，使肉腐败变质。脱水后，肉的颜色、风味和组织状态受到严重影响，并会加速脂肪氧化。

肉中的水分并非像纯水那样以游离的状态存在，其存在的形式大致可以分为三种。

1. 结合水

结合水是指在蛋白质等借助分子表面分布的极性基团与水分子之间的静电引力而紧密结合形成的水分子层中的水分。结合水与自由水的性质不同，结合水的蒸汽压极低，冰点约为－40℃，不能作为溶剂，不易受肌肉蛋白质结构和电荷变化的影响，甚至在施加严重外力条件下，也不能改变其与蛋白质分子紧密结合的状态。结合水占肌肉总水分的15%～20%。

2. 不易流动水

肌肉中大部分水是以不易流动水状态存在于肌原纤维及膜之间的，它能溶解盐及其他物质，并在0℃或稍低时结冰。这部分水的含量主要取决于肌原纤维蛋白质凝胶的网状结构变化，占总水分的60%～70%。

3. 自由水

自由水是指存在于细胞外间隙中能自由流动的水，约占总水分的15%。

各种畜禽肉的含水量见表3—8。

表3—8　各种畜禽肉的含水量　%

畜肉	水分	畜肉	水分
猪肉（肥）	47.9	羊肉（中）	65.4
猪肉（中）	61.1	羊肉（瘦）	71.1
猪肉（瘦）	68.5	鸡肉（肥）	63.7
牛肉（肥）	61.1	鸡肉（中）	70.0
牛肉（中）	68.5	鸡肉（瘦）	70.8
牛肉（瘦）	74.2	鸭肉（肥）	48.2
羊肉（肥）	60.3	鸭肉（中）	59.1

二、蛋白质

肉中蛋白质的含量仅次于水的含量，大部分存在于动物的肌肉组织中。肌肉中的蛋白质占鲜重的20%左右，占肉中固形物的80%。肌肉中的蛋白质按照其所存在于肌肉组织上位置的不同，可分为肌原纤维蛋白、肌浆蛋白、基质蛋白和颗粒蛋白四类。

1. 肌原纤维蛋白

肌原纤维是骨骼肌的收缩单位，由丝状的蛋白质胶原组成。这些细丝平等排列成束，直接参加肌肉的收缩过程，当去掉这些蛋白质后，肌纤维的形态和组织结构会完全遭到破坏，因此又称结构蛋白或不溶性蛋白质。属于这类蛋白质的有肌球蛋白、肌动蛋白、原肌球蛋白、肌原蛋白、肌动蛋白素和M－蛋白等。其含量见表3—9。

表 3—9　　肌原纤维蛋白质的种类与含量　　%

名称	含量	名称	含量
肌球蛋白	51	肌原蛋白	5
肌动蛋白	20	其他	10
原肌球蛋白	5		

肌原纤维蛋白质占肌肉蛋白质总量的40%～60%，肌原纤维蛋白质的含量随肌肉活动的增加而增加。肌原纤维中的蛋白质与肉的重要品质特性（如嫩度）密切相关。

（1）肌球蛋白。肌球蛋白是肌肉中含量最高和最重要的蛋白质，约占肌肉总蛋白质的1/3，占肌原纤维蛋白质的50%～55%。肌球蛋白的特性之一是具有ATP酶的活性，Mg离子对此酶起抑制作用，Ca离子可以将其激活。ATP在肌球蛋白ATP酶作用下分解生成ADP及磷酸时，释放能量，可供肌肉收缩时能量的利用。肌球蛋白的另一个特征是能与肌动蛋白结合，生成肌动球蛋白。肌球蛋白是关系到肉在加工中的嫩度变化和某些其他性质的重要成分，肌球蛋白对热很不稳定，受热会发生变性。变性的肌球蛋白失去了ATP酶活性，溶解性降低。焦磷酸对此热变性有某种程度的抑制作用。

（2）肌动蛋白。肌动蛋白约占肌原纤维蛋白的20%，是构成细丝的主要成分。肌动蛋白以球状的肌动蛋白（G－肌球蛋白）和纤维状肌动蛋白（F－肌动蛋白）的形式存在。单体的G－肌动蛋白相对分子质量约为47 000，为球形的蛋白质分子结构，直径为5.5 nm。当G型肌动蛋白在有磷酸盐和少量ATP存在的时候，即可形成相互连接的纤维状结构，需300～400个G－肌动蛋白形成一个纤维状结构。两条纤维状结构的肌动蛋白相互扭合成的聚合物称为F－肌动蛋白，与原肌球蛋白、肌钙蛋白、α－辅肌动蛋白和β－辅肌动蛋白等结合构成了肌原纤维结构中的细丝，或称肌动蛋白丝。两条F－肌动蛋白每经13个G－肌动蛋白单位而扭转一周形成螺旋结构。

（3）肌动球蛋白。肌动球蛋白是肌动蛋白与肌球蛋白的复合物。在一定条件下能重新解离成肌球蛋白和肌动蛋白。

（4）原肌球蛋白。原肌球蛋白占肌原纤维蛋白的4%～5%，形状为棒状分子。

（5）肌钙蛋白。肌钙蛋白占肌原纤维蛋白的5%～6%。

2. 肌浆蛋白

肌浆是浸透于肌原纤维内外的液体，它含有各种有机物与无机物，一般占肉中蛋白质含量的20%～30%。通常将磨碎的肌肉压榨便可挤出肌浆。它包括肌溶蛋白、肌红蛋白、肌球蛋白－X和肌粒中的蛋白质等。这些蛋白质易溶于水或低离子强度的中性盐溶液，是肉中最易提取的蛋白质。又因其提取液的黏度很低，故常被称为肌肉的可溶性蛋白质。这些蛋白质不是肌纤维的结构成分，将其提取后，各种肉的特征、形态及性质没有明显的改变。这些蛋白质也不直接参与肌肉收缩，其主要功能是参与肌纤维中的物质代谢。

（1）肌溶蛋白。肌溶蛋白属清蛋白类的单纯蛋白质，存在于肌原纤维间，易溶于水，把肉用水浸透可以溶出。很不稳定，易发生变性沉淀。

（2）肌红蛋白。肌红蛋白是一种复合性的色素蛋白质，由一分子的珠蛋白和一个亚铁血色素结合而成，为肌肉呈现红色的主要成分含量占0.2%～2%。肌红蛋白有多种衍生物，如呈鲜红色的氧合肌红蛋白、呈褐色的高铁肌红蛋白、呈鲜亮红色的NO－肌红蛋白等。这些衍生物与肉及其制品的色泽有直接的关系。肌红蛋白的含量，因动物的种类、年龄、肌肉的部位不同而不同。凡是动物生前活动较频繁的部位，肌红蛋白含量就高，肉色较深。

（3）肌浆酶。肌浆中除上述可溶性蛋白质及少量肌球蛋白－X外，还存在大量可溶性肌浆酶。

（4）肌粒蛋白。肌粒包括肌核、线粒体和微粒体等，存在于肌浆中。肌粒蛋白主要为三羧基循环酶及脂肪氧化酶系统，这些蛋白质定位于线粒体中，在离子强度0.2以上则呈不稳定的悬浮液。另外一种重要的蛋白质是ATP酶，是合成ATP的部位，定位于线粒体的内膜上。

3. 基质蛋白

基质蛋白为结缔组织蛋白质，是构成肌内膜、肌束膜、肌外膜和腱的主要成分，包括胶原蛋白、弹性蛋白、网状蛋白及黏蛋白等，存在于结缔组织的纤维及基质中。结缔组织蛋白质的含量见表3—10。

（1）胶原蛋白。胶原蛋白在结缔组织中含量特别丰富，尤其是胶原蛋白在白色结缔组织中含量较多，如在肌腱等胶原纤维组织中胶原蛋白约占总固体量的85%。胶原纤维广泛分布于皮、骨、腱、动脉壁以及哺乳动物肌肉组织的肌内膜、肌束膜和肌外膜中，是构成胶原纤维的主要

表 3—10 结缔组织蛋白质的含量（质量分数） %

成分	白色结缔组织	黄色结缔组织	成分	白色结缔组织	黄色结缔组织
蛋白质	35.0	40.0	黏蛋白	1.5	0.5
胶原蛋白	30.0	1.5	可溶性蛋白	0.2	0.6
弹性蛋白	2.5	32.0	脂类	1.0	1.1

成分，胶原蛋白是机体中最丰富的简单蛋白质，相当于机体总蛋白质的20%～25%。胶原蛋白中含有大量的甘氨酸，约占总氨基酸残基的30%，脯氨酸和羟脯氨酸亦较多，后两者为胶原蛋白中特有的氨基酸，一般蛋白质大多，不含此两种氨基酸或含量甚微，因此，通常用测定羟脯氨酸含量的多少来确定肌肉结缔组织的含量，并作为衡量肌肉质量的一个指标。色氨酸、酪氨酸及蛋氨酸等必需氨基酸含量甚少，故此种蛋白质是不完全蛋白质。胶原蛋白的氨基酸组成可随动物年龄而变化，如在鸡骨的胶原蛋白中发现，随着鸡的成长，赖氨酸的含量增加，而羟脯氨酸的含量逐渐减少。在哺乳动物中，绝大多数种类的胶原蛋白的氨基酸组成很相似。

（2）弹性蛋白。弹性蛋白在很多组织中与胶原蛋白共存，它是构成黄色的弹性纤维的蛋白质，但在皮、腱、肌膜和脂肪等组织中含量很少，而在韧带与血管（特别是大动脉壁）中含量最多，约占其弹性纤维总固体质量的25%。弹性蛋白的弹性较强，但强度不及胶原蛋白，其抗断力仅为胶原蛋白的1/10。弹性蛋白的氨基酸组成中，亦含有30%的甘氨酸，但羟脯氨酸含量很少，从营养上考虑，弹性蛋白也是不完全蛋白质。不同来源的弹性蛋白，其氨基酸组成大体恒定，但也可有一定的差别。例如赖氨酸的含量在牛的大动脉中比韧带中多，而在耳朵的弹性软骨中则更高。

（3）网状蛋白。在肌肉中，网状蛋白是构成肌内膜的主要蛋白，含有约4%的结合糖类和10%的结合脂肪酸，其氨基酸组成与胶原蛋白相似，用胶原蛋白酶水解，可产生与胶原蛋白同样的肽类。因此，有人认为它的蛋白质部分与胶原蛋白相同或类似。

从营养价值角度讲，肉类食品中蛋白质的含量不仅丰富，而且蛋白质的营养价值高，肉类蛋白提供的氨基酸模式与人类生存和生长的需要相吻合，是人类膳食中重要的优质蛋白来源。各种肉类食品中蛋白质和氨基酸的含量见表3—11、表3—12、表3—13。

表 3—11　鲜肉和熟肉的组成与能量含量（质量分数）　%

种类	蛋白质	水分	脂肪	灰分	能量（J/100 g）
牛肉					
鲜肉	21.5	69.5	8.0	1.0	669
熟肉	30.0	58.0	10.0	1.4	961
猪肉					
鲜肉	19.5	69.5	9.5	1.0	711
熟肉	29.0	5.0	12.0	1.3	961
羔羊肉					
鲜肉	19.5	71.5	7.0	1.5	606
熟肉	27.0	61.5	8.5	2.0	836
犊牛肉					
鲜肉	20.0	75.0	3.5	1.0	543
熟肉	29.0	57.0	5.5	1.6	732
鸡肉					
鲜肉	20.6	73.7	4.7	1.0	543
熟肉	28.0	64.4	6.3	1.2	736
肉鸡肉					
鲜肉	23.4	73.7	1.9	1.0	711
熟肉	31.6	63.8	3.4	1.2	694

表 3—12　各种脏器熟制后蛋白质和脂肪的含量（质量分数）　%

脏器	牛		猪		犊牛		羔羊	
	蛋白质	脂肪	蛋白质	脂肪	蛋白质	脂肪	蛋白质	脂肪
脑	11.5	9.0	12.2	8.7	10.5	7.4	12.7	9.2
心	28.9	6.0	23.6	4.8	26.3	4.5	21.7	5.2
肾	24.7	3.6	25.4	4.7	26.3	5.9	23.1	3.4
肝	22.9	4.3	21.6	4.7	21.5	7.6	23.7	10.9
肺	20.3	3.7	16.6	3.1	18.8	26	20.9	3.0
胰	27.1	17.2	28.5	10.8	29.1	14.6	23.3	9.6
脾	25.1	4.2	28.2	3.2	23.9	2.6	27.3	3.8
舌	22.2	21.5	24.1	18.6	26.2	8.3	21.5	20.5

表 3—13　　鲜肉中的氨基酸（粗蛋白）含量（质量分数）　　%

氨基酸	牛肉	猪肉	羔羊肉
异亮氨酸（Ile）	5.1	4.9	4.8
亮氨酸（Leu）	8.4	7.5	7.4
赖氨酸（Lys）	8.4	7.8	7.6
蛋氨酸（Met）	2.3	2.5	2.3
半胱氨酸（Cys）	1.4	1.3	1.3
苯丙氨酸（pH 值 e）	4.0	4.1	3.9
苏氨酸（Thr）	4.0	5.1	4.9
色氨酸（Try）	1.1	1.4	1.3
缬氨酸（Val）	5.7	5.0	5.0
精氨酸（Ary）	6.6	6.4	6.9
组氨酸（His）	2.9	3.2	2.7
天冬氨酸（Asp）	8.8	8.9	8.5
丙氨酸（Ala）	6.4	6.3	6.3
谷氨酸（Glu）	14.4	14.5	14.3
甘氨酸（Gly）	7.1	6.1	6.7
脯氨酸（Pro）	5.4	4.6	4.8
丝氨酸（Ser）	3.8	4.0	3.9
酪氨酸（Tyr）	3.2	3.0	3.2

三、脂肪

脂肪广泛地存在于动物体中，一般家畜体内脂肪的含量为其活体的10%～20%，在肥育阶段可达30%～40%以上。动物的脂肪多积存于皮下结缔组织、肌间结缔组织、肠网膜及肾脏周围的结缔组织中，称为"蓄积脂肪"，其含量亦因肥育程度不同而不同，含量从3%～50%不等。还有一类脂肪为组织脂肪，即肌肉及脏器内的脂肪。家畜的脂肪组织90%为中性脂肪，7%～8%为水分，蛋白质占3%～4%，此外还有少量的磷脂和面醇脂。

肉类脂肪有20多种脂肪酸，其中饱和脂肪酸以硬脂酸[$CH_3(CH_2)_{16}COOH$]和软脂酸［$CH_3(CH_2)_{14}COOH$］居多，不饱和脂肪酸以油酸［$CH_3(CH_2)_7COOH$］居多，其次是亚油酸[$CH_3(CH_2)_4CH=CHCH_2CH=CH(CH_2)_7COOH$]。硬脂酸的熔点为

71.5℃，软脂酸为63℃，油酸为14℃，十八碳三烯酸为8℃。不同动物脂肪的脂肪酸组成也不同，相对来说，鸡脂肪和猪脂肪含不饱和脂肪酸较多，牛脂肪和羊脂肪含饱和脂肪酸较多。不同来源脂肪的理化性质见表3—14，不同来源脂肪中脂肪酸的含量见表3—15。

表3—14　　不同来源脂肪的理化性质

脂肪种类	相对密度	溶化温度（℃）	酸价	碘价	皂化价
牛脂肪	0.937～0.953	40～50	1～50	32～47	190～200
猪脂肪	0.915～0.923	28～48	0.5～8.7	40～60	193～200
羊脂肪	0.931～0.953	44～49	1～50	31～46.5	192～198
马脂肪	0.916～0.933	29.5～43.2	3.1～21.1	71.4～86.3	195～204
兔脂肪	0.928～0.957	25～46	—	102～107	198～205
鸡脂肪	0.924	33～46	—	55～77.2	193～204
乳脂肪	0.936～0.945	28～36	0.4～35	25.7～38	219～241

表3—15　　不同来源脂肪中脂肪酸的含量（质量分数）　　%

脂肪酸种类	猪		牛		羊		鸡
	皮下脂肪	肾脂	皮下脂肪	肾脂	皮下脂肪	肾脂	皮下脂肪
月桂酸	微量	微量	0.1	0.2	0.1	0.1	—
十四烷酸	0.2	4.0	4.5	2.7	3.2	2.6	0.1
棕榈酸	29.2	28.0	27.4	27.8	28.0	28.0	25.6
硬脂酸	14.1	17.0	21.1	23.8	24.8	26.8	7.0
二十烷酸	微量	微量	0.6	0.60	1.6	2.6	—
饱和脂肪酸总量	44.4	49.0	53.7	55.1	57.7	59.5	32.7
棕榈油酸	2.7	2.0	2.10	2.2	1.3	1.9	7.0
油酸	44.2	36.0	41.6	40.1	36.4	34.2	20.4
亚麻酸	0.3	0.2	0.5	0.6	0.5	0.6	—
亚油酸	6.6	11.8	1.8	1.8	3.5	4.0	21.3
花生四烯酸	1.9	1.0	0.4	0.2	0.6	0.8	0.6
不饱和脂肪酸总量	55.6	51.0	46.3	44.9	62.3	41.5	67.3

纯净的脂肪无味、无色，但含有不纯物的天然脂肪，则因畜禽种类的不同而具有各种风味，如羊肉的特有气味一般认为和辛酸、壬酸等中级饱和脂肪酸有关。

磷脂在组织脂肪中的含量明显高于蓄积脂肪中的含量。肌肉内磷脂占全组织脂肪的25%～50%，肥育后磷脂含量减少而中性脂肪含量增多。磷脂在空气中暴露时出现显著的颜色和气味的改变，加热则促进这种变化。当将猪肉或牛肉的脑磷脂加热时可产生强烈的鱼腥气，而同一来源的卵磷脂则鱼腥气很小，且有肝脏的芳香气味。磷脂变黑时伴有酸败发生。肉类的氧化作用在含有磷脂的部分比仅含中性脂肪的部分更大，这是因为磷脂含有不饱和脂肪酸的百分率比脂肪高得多。

此外，固醇及固醇酯广泛存在于动物体中，它们以游离状态的固醇或与脂肪酸结合成酯（四醇酯）而存在。如每 100 克瘦猪肉、牛肉或羊肉含总胆固醇为 70～75 mg，其中呈游离状态的在 90%以上，脂肪组织中的含量亦相似，而在羔羊肉中总胆固醇的含量稍多。肝和脑中的含量据报道分别为 300 mg 和 2 000 mg。胆固醇含量虽少，但具有重要的生物功能。由于发现其在冠心病患者的动脉中沉积，以及常常在这类患者中发现有较高的血脂含量，因而引起人们的重视。在食物中，脂肪的含量和性质显著影响着血中胆固醇的含量。当摄取多量的动物性脂肪时，由于其含饱和脂肪酸较多，可使胆固醇含量明显升高。肉中胆固醇的含量见表 3—16。

表 3—16　　**肉中胆固醇含量**　　mg/100 g

畜肉	胆固醇含量	畜肉	胆固醇含量
猪肉（瘦）	77	猪肉（肥）	107
猪脑	3 100	猪肝	368
猪舌	116	猪心	158
猪肺	314	猪肾	405
猪肚	159	猪大肠	180
牛肉（瘦）	63	牛肉（肥）	194
牛脑	2 670	牛舌	102
牛心	125	牛肝	257
牛肺	234	牛肾	340
羊肉	119	羊脑	2 099
羊舌	147	羊心	130
羊肝	323	羊肺	215
羊肾	354	羊肚	124
鸡肉	117	鸡肝	429
鸡胗	229	鸡血	149
鸭肉	80	填鸭	101
鸭肝	515	鸭胗	180

四、浸出物

浸出物是指除蛋白质、盐类、维生素外，能溶于水的浸出性物质，包括有含氮浸出物和无氮浸出物。浸出物成分中含有的主要有机物有核苷酸、嘌呤碱、胍基化合物、氨基酸、肽、糖原和有机酸等。

1. 核苷酸

核苷酸中最主要的是 ATP。ATP 不仅在机体内与肌肉的收缩有密切关系，而且在肉的加工中也是关系到肉的持水性的重要成分。肉中的 ATP 含量因动物的种类、肌肉的部位不同而不同。动物死后，在 ATP 酶的作用下，ATP 被分解成 ADP，ADP 又可进一步分解为 AMP，AMP 经脱氨基作用生成 IMP（次黄嘌呤核苷酸，或称肌苷酸）。IMP 是肉中的重要呈味成分。

2. 胍基化合物

一般将具有胍基的化合物称为胍基化合物。肉中所含的这种化合物有胍、甲基胍、肌酸、磷酸肌酸、肌酐等。胍和甲基胍一般含量极微，但肌酸含量相当多。活体的肌肉中肌酸和磷酸结合生成磷酸肌酸，其高能磷酸键可储存能量，在肌肉收缩时显示出来重要作用。在活体的肌肉中含有肌酸和磷酸肌酸的混合物，屠宰后磷酸肌酸释放出磷酸而变成肌酸，肌酸在酸性条件下加热时，失去一分子水生成环状结构的肌酐。在活体中肌酐含量极微，但煮肉时，肌酸逐渐减少而肌酐逐渐增加，同时肉的味道也会变好。

3. 肽

肉中含有的肽主要是谷胱甘肽、肌肽和鹅肌肽。谷胱甘肽是由谷氨酸、半胱氨酸和甘氨酸结合成的三肽。肌肽是 β—丙氨酸和组氨酸的结合物，鹅肌肽是 β—丙氨酸和甲基组氨酸的结合物。这些肽类在肉中总含量约为 0.3%，其中肌肽的含量最高。谷胱甘肽的巯基赋予肉还原性，在肉的腌制过程中有促进肉制品发色的作用；肌肽和鹅肌肽具有缓冲作用，与肉表现的缓冲作用有密切关系。

4. 其他非蛋白态含氮化合物

浸出物成分中除上述的含氮化合物之外，还有各种嘌呤碱基、游离氨基酸、核苷、胆碱、肉碱、尿素和氮等。这些物质的含量一般随屠宰后肉的成熟而增加。当肉开始腐败时，还会产生各种胺类。

5. 糖原、乳酸及其他

肉中的糖以游离或结合的形式广泛存在于动物组织和组织液中，动物组织中的糖虽然量并不很多，且在肌肉中仅为 0.3%～0.8%，但这些糖在动物活体内和宰后肌肉的成熟过程中起着极其重要的作用。例如葡萄糖是动物组织中提供肌肉收缩的能量来源，葡萄糖的聚合体——糖原是动物体内糖的主要存在形式，动物的肝脏中糖原储量较多，高达2%～8%，肉中糖的含量因屠宰前及屠宰后的条件不同而不同。糖原在动物死后的肌肉中进行无氧酵解，生成乳酸，24 h后增至1.00%～1.05%。除此之外，浸出物中还含有微量的丙酮酸、柠檬酸、苹果酸和延胡索酸等有机酸，并含有0.03%的肌醇。

组织中浸出物成分的总含量是2%～5%，以含氮化合物为主，酸类和糖类含量比较少，含氮物中可以发现大部分构成蛋白质的氨基酸呈游离状态。浸出物的成分与肉的风味及滋味、气味有密切关系。浸出物中的还原糖与氨基酸之间的非酶促褐变反应对肉的风味有很重要的作用，而某些浸出物本身即是呈味成分，如谷氨酸、肌苷酸是肉的鲜味成分，肌醇有甜味，以乳酸为主的有机酸有酸味等。由于动物的种类、性别、运动量和机能等的不同，浸出物的成分和量也有所不同。浸出物含量虽然不多，但由于其能增进消化道腺体活动（如促进胃液、唾液等的分泌），因而对蛋白质和脂肪的消化起着很好的作用。

五、矿物质

矿物质是指一些无机盐类和元素，含量占1.5%。这些无机物在肉中有的以单独游离状态存在，如镁离子、钙离子，有的以螯合状态存在，有的以糖蛋白和酯结合方式存在，如硫、磷有机结合物。

肉是磷的良好来源。磷是骨和齿的主要成分，亦是核酸、辅酶Ⅰ和辅本酶Ⅱ、维生素B_{12}以及磷脂等的组成成分，并参与糖、脂类及氨基酸的代谢，调节酸碱平衡。

肉也是膳食铁的良好来源。铁是血红蛋白、肌红蛋白的组成成分，各种细胞色素、过氧化氢酶及多种氧化酶均含有铁，铁对呼吸作用及造血作用甚为重要，缺铁时可出现贫血。肉本身不仅铁含量多、吸收率高，而且与其他食品同时进食时可以促进其他非肉来源的铁的吸收。动物肝、肾和脾中的铁高达15～30 mg/100 g，因此是传统的补铁食品。

肉也是锌的理想来源。锌是维持皮肤、骨骼和毛发正常发育所必需的物质，它是与消化和呼吸有关的几种重要的酶系统的组成成分，也参与机体内重要的功能与代谢，与人的生长发育、创伤愈合和味觉的敏感度有关。瘦肉中锌的含量较高。

肉的钙含量较低，钾和钠几乎全部存在于软组织及体液中。在活体中，钾主要分布于细胞内，而钠则在细胞外。动物死后，则较均匀地分布在细胞内外。此外，肉中尚含有微量的锰、铜、铅、锌、镍等。

鲜肉中各种矿物质含量见表 3—17。

表 3—17　　鲜肉中矿物质的含量　　mg/100 g 鲜样

矿物质	猪肉	牛肉	犊牛肉	羊肉	羔羊肉	鸡肉
Na	63.0	51.9	90	91	75	46
K	326	386	320	350	295	407
Mg	23.0	20.1	15	27.2	15	17.8
Ca	6.0	3.8	11	12.6	10	5.8
Fe	2.1	2.8	29	1.7	1.2	2.2
Pb	2.25	5.1	—	—	—	1.1
Cu	0.114	0.2	—	0.16	—	—
Mn	0.032	0.2	—	—	—	—
P	248	167	193	195	147	339
Cl	54.2	56.2	—	84	—	144
S	201	—	226	228	—	129

六、维生素

肉中维生素主要有维生素 A、维生素 B_1、维生素 B_2、维生素 C、维生素 D、烟酸、叶酸等。其中脂溶性维生素较少，而水溶性维生素较多。肉是 B 族维生素的良好来源，尤其是人类膳食维生素 B_{12}（钴胺素）和维生素 B_6 的重要来源。各种肉类的维生素含量也有不同，如猪肉中 B 族维生素特别丰富，但维生素 A 和维生素 C 却很少，而牛肉中的叶酸、维生素 E 和维生素 B 族相对较多，肉中维生素含量见表 3—18。

表 3—18　　肉中维生素含量　　mg/100 g 鲜重

畜肉	维生素 A/IU	维生素 B_1/mg	维生素 B_2/mg	烟酸/mg	泛酸/mg	生物素/μg	叶酸/μg	维生素 B_6/mg	维生素 B_{12}/μg	维生素 C/mg	维生素 D/IU
小牛	微量	0.07	0.20	5.0	0.4	3.0	10.0	0.3	2.0		微量
小牛肉	微量	0.10	0.25	7.0	0.6	5.0	2.0	0.3	0		微量
猪肉	微量	0.0	0.20	5.0	0.6	1.0	3.0	0.5	2.0		微量
羊肉	微量	0.15	0.25	5.0	0.5	3.0	3.0	0.4	2.0		微量
牛肝	20 000	0.30	0.30	13.0	8.0	300.0	2.7	50.0	50.0	30.0	45

第 3 节　屠宰后肉的变化

动物屠宰后，体内还存在着各种酶，其机能的活动并未完全丧失，机体特别是肌肉组织将发生一系列的变化，变化进程受加工条件、加工方法、畜禽种类、外界环境等各种因素的综合影响，所以从严格意义上讲，刚宰后的肉只有经过一系列的变化，才能完成从肌肉到可食肉的转变。

动物刚屠宰后，肉温还没有散失，柔软且有较小弹性，这种处于生鲜状态的肉称为热鲜肉，经过一段时间，肉的伸展性消失，肉体变僵硬，这种现象称为死后僵直。当僵直完成时，肌肉因肌动蛋白和肌球蛋白间形成横桥或交叉链，而导致不能缩短或伸长。此时肉加热食用时硬度大，保水性差，因此僵硬的肉不适于加工。

如果继续储藏，其僵直情况会缓解，经过自身解僵，肉又变得柔软起来，同时持水性增加，风味提高。所以在利用肉时，一般应解僵后再使用，此过程称为肉的成熟。

成熟肉在不良条件下储存，经酶和微生物作用分解变质，称为肉的腐败。

为了生产高质量的生鲜肉和为肉制品加工提供优质的原料肉，必须了解畜禽在宰杀后机体所发生的一系列变化。总的来说，整个变化过程可分为僵直、成熟、自溶和腐败四个阶段。在肉品工业生产中，要控制僵直、促进成熟、防止腐败。

一、肉的僵直

动物死亡之后，呼吸停止了，供给肌肉的氧气也就中断了，此时肌肉中的糖原不再像有氧时最终氧化成 CO_2 和 H_2O，而是在缺氧情况下经糖酵解产生乳酸。在正常有氧条件下，每个葡萄糖单位可氧化生成 39 分子 ATP，而经过糖酵解只能生成 3 分子 ATP，ATP 的供应受阻。然而体内 ATP 的消耗，由于肌浆中 ATP 酶的作用却在继续进行。动物死后，ATP 的含量迅速下降，同时糖原分解为乳酸，磷酸肌酸分解为磷酸，酸性产物的蓄积使肉 pH 值下降。ATP 的减少及 pH 值下降的双重作用，使肌质网功能失常，发生崩解，肌质网失去钙泵的作用，内部保存的 Ca^{2+} 被释放，使之浓度增高，促使粗丝中的肌球蛋白 ATP 酶活化，更加快了 ATP 的减少，同时使 Mg—ATP 解离，结果肌动蛋白和肌球蛋白结合形成肌动球蛋白，引起肌肉收缩表现出肉尸僵硬。这种情况下由于 ATP 不断地减少，所以反应是不可逆的，是永久性的收缩。

宰后僵直所需要的时间与动物的种类、肌肉的种类、性质以及宰前状态等都有一定的关系。僵直阶段肉的 pH 值较低、弹性差，无肉的自然气味。由于保水性、肉的风味差，僵直阶段的肉不适宜作为肉制品加工的原料。

二、肉的成熟

尸僵持续一定时间后，即开始缓解，肉的硬度降低，保水性有所恢复，使肉变得柔嫩多汁，并具有良好的风味，适于加工食用，这个变化过程即为肉的成熟。肉的成熟包括尸僵的解除及在组织蛋白酶作用下进一步成熟的过程。

尸僵时肉的僵硬是肌纤维收缩的结果，成熟时又恢复伸长而变得柔软。肌肉死后僵直达到顶点，并保持一定时间之后，肌肉又逐渐变软，解除僵直状态，称为尸僵的解除（解僵）。解僵所需时间由动物的种类、肌肉的部位以及其他外界条件不同而异。在 2～4℃条件储存的肉类，鸡肉需 3～4 h 达到僵直的顶点，而解除僵直需 2 天，其他牲畜完成僵直约需 1～2 天，解除僵直，猪、马肉需 3～5 天，牛肉约需 1 周到 10 天左右。

未经解僵的肉类，肉质欠佳，咀嚼时有如硬橡胶感，不仅风味不佳且保水性也低，加工肉馅时黏着性差。充分解僵的肌肉质变软，加工产品风味佳，保水性提高，适于作为加工各种肉类制品的原料。所以，从某种意义上来说，只有经过解僵之后肉类才能成为食品的“肉类”。

僵直时，肌动蛋白和肌球蛋白形成交叉链的肌动球蛋白，虽在此系统中加入 Mg^{2+} 、Ca^{2+} 和 ATP，能使肌动球蛋白分离，成为肌动蛋白和肌球蛋白，但家畜死后，因 ATP 消失且不能再合成，因此僵直解除并不是肌动球蛋白分解或僵直的逆反应。关于解僵的实质，很多人进行了大量研究，至今尚未充分判明。

成熟阶段的肉品质得到很好的改善，保水性好、肉的气味和滋味好，适宜烹调，也可用于肉制品加工。成熟对肉质的作用主要表现在：

1. 嫩度的变化

随着肉成熟的发展，肉的嫩度也发生显著的变化。刚屠宰之后肉的嫩度最好，在极限 pH 值时嫩度最差，成熟肉的嫩度有所改善。

2. 保水性的变化

肉成熟时，保水性有新回升。一般宰后 2～4 天 pH 值下降，极限 pH 值在 5.5 左右，此时水合率为 40%～50%；最大尸僵期以后 pH 值为 5.6～5.8，水合率达到 60%。

3. 蛋白质的变化

肉成熟时，肌肉中许多酶类对某些蛋白质有一定的分解作用，从而促使成熟过程中肌肉中盐溶性蛋白质的浸出性增加。随着肉的成熟，蛋白质在酶的作用下，肽链解离，使游离的氨基增多，肉水合力增强，变得柔嫩多汁。

4. 风味的变化

成熟过程中改善肉风味的物质主要有两类，一类是 ATP 的降解物次黄嘌呤核苷酸，另一类是组织蛋白酶类的水解产物——氨基酸。随着肉的成熟，肉中浸出物和游离氨基酸的含量增加，多种游离氨基酸存在，特别是谷氨酸、精氨酸、亮氨酸、缬氨酸和甘氨酸较多，这些氨基酸都具有增加肉的滋味或有改善肉质香气的作用。

三、肉的自溶

成熟后的肉在酶的作用下，仍在不停地变化，使肉中所含的复杂的有机化合物进一步水解为分子量比较小的物质，使肉带有令人不愉快的气味，肌肉弹性逐渐丧失，质地松弛，这就是肉的自溶。

即使肉组织深部无细菌，肉的自溶也会发生，主要是因为肉中各类酶的作用。肉类由于存放时间过长、保管不善、温度过高等原因，在分解酶的作用下，会产生蛋白胨、肽、氨基酸、还会带有难闻的臭鸡蛋味。肉的自溶是容易控制的，降低温度即可防止肉的自溶。

处于自溶阶段的肉，虽可食用，但气味和滋味已经改变，不宜长期保存。自溶阶段的进一步加深将会导致肉的腐败。

四、肉的腐败

肉经过僵直、成熟和自溶后，为腐败微生物的繁殖和生长提供了良好的营养物质。一旦温度和湿度等外界条件合适，微生物将会大量繁殖，导致肉中蛋白质、脂类以及糖类的分解，形成各种低级产物，使肉的品质发生根本的变化。这个阶段的肉发生腐败，失去肉的食用价值。

引起肉腐败的原因主要是由污染肉的细菌繁殖所致。健康动物的肌肉除淋巴可能带菌外，肉的深层一般是无菌的。但在屠宰加工过程中肉的表面难免要污染细菌，在适宜的条件下，微生物就会大量繁殖，并向肉的深层发展。另外，动物在屠宰前已患有疾病，细菌在宰前就已侵入肌肉和内脏；或动物抵抗力十分低下，肠道菌乘机侵入等，都会加快肉的腐败。

肉类腐败变质时，往往在肉的表面产生明显的感官变化。主要表现为：

1. 发黏

微生物在肉表面大量繁殖后，使肉体表面有黏液状物质产生，可拉出丝状，并有较强的臭味，这是微生物繁殖后所形成的菌落以及微生物分解蛋白质的产物。主要由革兰氏阴性菌、乳酸菌和酵母菌所产生。当肉的表面有发黏、拉丝现象时，其表面含菌数一般为 10^7 cfu/cm^2。

2. 变色

肉类腐败时肉的表面常出现各种颜色变化，最常见的是绿色。蛋白质分解产生的硫化氢与肉中的血红蛋白结合后形成了硫化氢血红蛋白，这种化合物积蓄在肌肉和脂肪表面即显示暗绿色。

3. 霉斑

肉体表面有霉菌生长时，往往形成霉斑，这在一些干腌制肉制品上更为多见。

4. 变味

肉类腐烂时往往伴随着一些不正常或难闻的气味，最明显的是肉类蛋白质被微生物分解产生的恶臭味。除此之外，还有在乳酸菌和酵母菌的作用下产生挥发性有机酸的酸味，霉菌生长繁殖产生的霉味等。

第四章
肉的食用质量

肉的食用质量是消费者在食用肉时对肉优劣进行的评判，主要包括肉的颜色、风味、持水性、嫩度等。这些性质与肉的动物种类、年龄、性别、膘情、宰前状态、部位、宰后处理和储藏条件等密切相关，直接影响着肉的食用品质和加工性能。

第 1 节　色　泽

肌肉的颜色是重要的食品品质之一，虽然其本身对肉的营养价值和风味并无多大影响，但在某种程度上影响食欲和商品价值。肉的颜色是由肌肉和脂肪的色泽决定的，且随动物的种类、性别、年龄、品种、膘情的不同有很大差异，也与宰前、宰后处理和储藏加工条件有关，如放血、冷却、冻结、存放和解冻。肉的颜色是肌肉的理化和微生物学变化的外部表现，消费者可以通过肉的颜色初步判断肉的新鲜程度和品质好坏。肉的正常颜色为红色，微生物引起的色泽变化会影响肉的卫生价值。

一般来讲畜肉的颜色呈红色，但色泽及色调有所差异，牛肉颜色较深，猪肉的颜色则较浅亮。禽肉有红、白两种颜色，如腿肉为红色，胸脯肉为白色，蓄积大量脂肪的肉常常因带白色而呈淡红色。具体情况见表 4—1。

表 4—1　　一般动物肉的颜色

肉的种类	肌肉颜色	脂肪颜色	肉的种类	肌肉颜色	脂肪颜色
黄牛肉	淡棕到红色	淡黄到深黄	猪肉	红色	白色
水牛肉	暗红带蓝紫色有光泽	灰白色	老公猪肉	深红色	白色
老公牛肉	暗红色	黄色	老马肉	暗红色	黄色或灰黄色
犊牛肉	淡灰红色	灰色或灰红色	马驹肉	玫瑰红色	淡灰黄色
成年绵羊肉	鲜红或砖红色	白色	驴肉	玫瑰红色	灰白色
羔羊肉	暗红色	白色	兔肉	灰红色	淡黄或黄色
肥猪肉	淡灰红色	白色	狗肉	鲜红或暗红色	白色

肉的颜色主要是由肌红蛋白和血红蛋白产生的，细胞色素、黄素蛋白和维生素 B_{12} 等其他有色物质对肉的颜色也有一定影响。肌红蛋白为肉自身的色素蛋白，肉色的深浅与其含量多少有关。血红蛋白存在于血液中，对肉颜色的影响要视放血的好坏而定。正常情况下，放血良好的肉中肌红蛋白色素占 80%～90%，比血红蛋白丰富得多。

肌红蛋白为复合蛋白质。它由一条多肽链构成的珠蛋白和一个带氧的血红素基团组成，血红素基团由一个铁原子和卟啉环所组成。肌红蛋白与血红蛋白的主要差别是肌红蛋白只结合一分子的血色素，而血红蛋白结合四个血色素。因此，肌红蛋白的相对分子质量为 16 000～17 000，而血红蛋白的相对分子质量为 64 000。常见家畜的肌肉中每克生鲜畜肉肌红蛋白含量见表 4—2。

表 4—2　　每克生鲜畜肉肌红蛋白含量　　mg

肉的种类	每克生鲜肉中肌红蛋白的含量	肉的种类	每克生鲜肉中肌红蛋白的含量
犊牛肉	1～3	老猪肉	8～12
肉牛肉	4～10	羔羊肉	3～8
老牛肉	16～20	老绵羊肉	12～18
幼猪肉	1～3		

肌红蛋白中铁离子的化合价态（Fe^{2+} 或 Fe^{3+}）与氧（O_2）结合的位置是导致其颜色变化的根本所在。在活体组织中肌红蛋白依靠电子传递链使铁离子处于还原状态，而刚屠宰后的肌肉因供氧中断，肌红蛋白中与氧（O_2）结合的位置被 H_2O 所取代，肌肉呈暗红色或紫红色。当将肉切开在空气中暴露一段时间后，H_2O 会逐渐被 O_2 所取代而重新变成鲜红色，这是由于形成氧合肌红蛋白的缘故。但如果放置时间过长或是

在低 O_2 分压的条件下储放，则肌肉会变成褐色，主要是因为二价铁离子（Fe^{2+}）被氧化为三价铁离子（Fe^{3+}），形成了氧化态的高铁肌红蛋白（红褐色）所致。

肌红蛋白在 O_2 存在的条件下既可变成鲜红色的氧合肌红蛋白（MbO_2），也可形成褐色的氧化肌红蛋白（MbO_2）。产物的比例根据 O_2 的分压而定，氧气分压低，则有利于 MMb 的形成，而氧气分压高，则有利于 MbO_2 的形成。这种变化在活体组织中由于酶的活动电子传递链可使 MMb 持续地还原成 Mb。但动物体死后，这种酶促的还原作用就会逐渐混淆是削弱乃至消失。因而，在商业上，常常将分割肉先加以真空包装，使其在低氧分压下形成 MMb，到零售店后打开包装，与氧气充分接触以形成鲜艳的 MbO_2 来吸引消费者。为了获得保持鲜艳肉色的最长时间，零售时一般在 0～4℃的条件下进行，以减缓还原体系的氧化速度。

影响肌肉颜色变化的主要因素如下：

1. 畜禽的种类、年龄及部位

猪肉一般为鲜红色，牛肉为暗红色，马肉为紫红色，羊肉为浅红色，兔肉为粉红色。老龄动物肉色深，幼龄的肉色淡。生前活动量大的部位的肉色较深。

2. 肌红蛋白的含量

肌红蛋白的分子质量仅为血红蛋白的 1/4，但对氧的亲和力却大于血红蛋白，且肌红蛋白在数量上占优，因此肌红蛋白含量多则肉的颜色深，含量少则颜色淡。

3. 环境中的氧含量

肌肉色素对氧有显著的亲和力。氧充足则肉色氧化（或氧合）快。如真空包装的分割肉，由于缺氧呈暗红色，当打开包装后，接触空气很快变成鲜艳的亮红色，通常含氧量高于 15％时，肌红蛋白才能被氧化为高铁肌红蛋白，氧分压的高低决定了氧合肌红蛋白或是氧化肌红蛋白。

4. 湿度

环境中湿度大，则氧化速度慢。由于在肉表面有水汽层，影响氧的扩散。如果湿度低且空气流速快，则加速高铁肌红蛋白的形成。如牛肉在 8℃冷藏状态下，相对湿度为 70％时 2 天褐变，相对湿度为 100％时 4 天褐变。

5. 温度

环境温度高会促进氧化，温度低则氧化得慢。如牛肉在3～5℃时储藏9天褐变，0℃时储藏18天才褐变。因此为了防止肉氧化褐变，应尽可能在低温下储存。

6. pH值

动物宰前糖原消耗多，宰后最终pH值高，往往肌肉颜色变暗，组织变硬发干，形成DFD肉。同样，pH值变化也易引起猪的PSE肉，使肉色变得苍白，持水性差。

7. 微生物

肉储藏时污染微生物会使肉表面颜色发生改变，污染的细菌会分解蛋白质使肉色污浊；污染霉菌则在肉表面形成白色、红色、绿色、黑色等色斑或发出荧光。

第2节　嫩　度

用肉的食用感官指标来代表制品的嫩度十分重要，它是消费者选择肉和肉制品的重要衡量指标，其决定着肉的烹调和加工产品的最终感官质量。对于像牛、马这样体型大、生长周期长、肌肉纤维粗和结缔组织较多的“红肉”来说，嫩度的大小尤为重要。

一、嫩度的概念

肉的嫩度，简单地讲就是指口腔咀嚼时对肉组织状态的感觉，即肉的老嫩程度，事实上它是由牙齿切断肉所需的力、肉的多汁性和咀嚼后肉在口中的残渣量构成的综合指标。它包括三方面的感觉：第一，肉入口开始咀嚼时是否容易咬开；第二，是否容易被嚼碎；第三，咀嚼后留在口中的残渣量。常指煮熟肉制品的柔软性程度和是否多汁易于被嚼烂的特性，是易为消费者接受的重要品质指标。

在评定肉的嫩度时，除了品尝试验（品尝试验极易受品评员的直观因素所影响，结果不易定量，数据缺乏可比性，使用受到限制）外，所有方法大都是检测其中一两项指标，现在使用最多的主要是反映剪断单位体积肉品所需的机械力，不过，随着电子计算机模拟技术的发展，通过对肉块进行多次切割力的分布，拟合出与人口腔感觉相似的各种指标，如硬度、黏度、弹性和多汁性等多种参数，快速且准确，很受欢迎。肉的嫩度取决于肌肉中肌原纤维蛋白的状态（即肌球蛋白和肌动蛋白结合的紧密程度）、结缔组织的组成和含量、肌间脂肪分布和含量以及肌肉的持水力大小。一般来讲，结缔组织含量低，尤其是弹性蛋白含量低，肌肉处于解僵状态，肌动蛋白和肌球蛋白结合松散，肌间脂肪均匀分布，肌肉含水量高时，肌肉的嫩度就好，用这样的肉烹调出来的菜肴多汁、鲜嫩、味美，加工出来的肉制品保水性好，质地优良。嫩度好的牛肉可以用于牛排等高档产品的制作与生产。相反，嫩度差的肉就很难加工出质量好的产品。

二、影响肌肉嫩度的因素

1. 宰前因素对肌肉嫩度的影响

影响肉嫩度的宰前因素很多，主要包括动物的种类、品种、年龄、性别、用途、饲养管理条件、个体和不同部分。这些因素会影响肉的嫩度是因为它们的肌纤维粗细、质地以及结缔组织质量和数量有明显的差异，而肌纤维的粗细及结缔组织的质地是影响肉嫩度的主要因素。

（1）物种、品种及性别。不同种类中，牛、马和骆驼等大型食草动物肌肉粗糙，结缔组织多，嫩度低，羊肉次之，而猪和肉鸡的肉则较为细嫩。品种不同，嫩度差异很大，一般来说，肉用品种比役用品种或其他用途的动物所产的肉质量要好。在同一用途的动物中，有些优良品种比其他品种肉质也要好一些。一般来说，畜禽体格越大其肌纤维越粗大，肉亦越老。在其他条件一致的情况下，一般公畜的肌肉较母畜粗糙，肉也较老。

（2）畜龄。肉的嫩度随着年龄的增加和饲养周期的延长而变差。动物年龄越小，肌纤维越细，结缔组织的成熟交联越少，肉也越嫩。归纳起来，年龄增加使肉嫩度下降，是结缔组织成熟交联增加、肌纤维变粗、胶原蛋白的溶解度下降且对酶的敏感性下降所致。

（3）肌肉部位。不仅动物个体间的嫩度有差异，即使在同一动物体上不同部位的肉的嫩度也有很大不同，动物躯干中上部的肉要优于下部的肉，后躯肉质优于前躯肉，经常活动部位的肉的嫩度比相对静止的肉嫩度要差，因此，里脊背最长肌和后腿肉的质量最好，而胸部、颈部和小腿的肉就要老得多。不同部位的肌肉因功能不同，其肌纤维粗细、结缔组织的量和质差异很大。一般来说运动越多，负荷越大的肌肉因其有强壮致密的结缔组织支持，这些部位的肌肉要老，如腿部肌肉就比腰部肌肉老。

（4）生产条件。不同的生产条件所生产的肉的质量也不相同，精料短期育肥的动物的肉的质量优于粗料长周期饲养的动物。瘦肉型动物的肉不如优秀品种，尤其是使用β-肾上腺素刺激的动物产的肉嫩度差一些。

宰前因素受自然条件、品种资源和国民经济实力等多种因素的制约，很难在短期内发生根本变化。比如我国的牛肉生产，虽然这些年牛羊业发展迅速，但由于我国经济发展长期选育的结果，牛品种大多数是肉用役用兼用型或乳肉兼用型，专门优质肉用品种很少，因此牛肉市场总体质量不佳。要想在短期内实现品种优质统一化是不可能的。我国的国情也决定着不可能走西方发达国家走的精料短期育肥生产牛肉的路子，只能因地制宜，坚持粗精结合的饲养管理的方法，这样的肉质不可能期望在短期内有什么质的突破，因此开展一些有效的宰后嫩化措施以改善肉质，提高我国目前鲜肉和肉品质量很有必要。即使在西方国家，牛肉优级品率以前也只有10%～20%，现在由于嫩化技术的推广，牛肉优级品率已达30%以上，效益十分显著。

2. 宰后因素对肌肉嫩度的影响

（1）温度。肌肉收缩程度与温度有很大关系。一般来说，在15℃以上，与温度呈正比，温度越高，肌肉收缩越剧烈。如果在夏季室外屠宰，没有冷却设施，肉就会变得很老；在15℃以下，肌肉的收缩程度与温度呈反比，也就是说，温度越低，收缩程度越大，所谓的冷收缩就是在低温条件下形成的。经测定在2℃条件下肌肉的收缩程度与40℃一样。

（2）成熟。肉在僵直后即进入成熟阶段。成熟又称熟化，这并不是通常烹调加热致熟，而是肉在冰点以上温度自然发生的一系列生化反应，导致肉变得柔嫩和具有风味的过程。

（3）烹调加热。在烹调加热过程中，随着温度升高，蛋白发生变性，变性蛋白的特性决定了肉的品质。

三、人工提高肉嫩度的方法

广大消费者希望吃到肉质鲜嫩的肉及肉制品，针对畜禽屠宰前后的生理特点和加工条件，人们研究了很多提高肉嫩度的方法，技术较为成熟的主要嫩化方法如下：

1. 低温吊挂自动排酸成熟法

该方法是将动物半胴体后腿朝上，挂在10℃以下的低温库中自动排酸成熟，自然完成宰后肉的僵直、解僵和成熟过程。由于肉体自身质量，在成熟过程中肌节自然拉长，有助于肉的嫩化。另外，低温条件有利于微生物的控制，虽然常温和高温（<43℃）条件下，肉的成熟要快得多，但卫生条件很难控制，往往在肉未完成成熟时就开始部分腐败，肉品卫生质量不能保证。一般来讲，4℃左右的低温库中牛肉需10天左右，羊肉为一周，猪肉为3～5天。这样出来的肉品质量高、风味佳、色泽鲜艳（氧合完全），是所有嫩化方法中最理想的，也是目前我国高中档牛肉生产的主要方法。但是该方法存在占用冷库时间长、耗能大、易氧化、干耗高、易受嗜冷性细菌的污染、费用高和效率低的缺点。

2. 利用外力机械嫩化法

这是最早的人工嫩化方法，利用外力将肌动蛋白和肌球蛋白分离，肌节拉长，肌膜等结缔组织由于受外力冲击，变得松散破碎，最终使肉变得柔软。常用的方法是敲击摔打法和机械滚揉法两种，前者只适用于家庭和小规模的生产使用，而后者在肉品加工中应用较多，结合腌制和斩拌等工序能提高肉的嫩度、增加肉品的保水性和改善肉品的质量，效果显著。

3. 电刺激嫩化技术

电刺激嫩化是对宰后胴体施以一定电压电频的电流，适当的时间刺激可以加快肉的成熟过程，改善肉质的方法。电刺激的嫩化首先是通过加速ATP的降解，促进糖原分解，加快尸僵过程，减少冷收缩。其次，电刺激使肉的pH值下降，激活酸性蛋白酶的活性，加速蛋白分解，破坏肌原纤维的结构，使肉变嫩。另外，电刺激激发肌肉强烈收缩，使肌原纤维断裂，小片化。电刺激还可以促进肉质颜色鲜明。电刺激使用的电压范围很大，从几伏到几千伏，但考虑到屠宰场所水多、导电体多、安全保险少、很难防范触电伤人等因素，一般采用的电压在220 V以下，有的只用 15～20 V，刺激 1～2 min 即可得到较为满意的效果。电刺激的使用投入较小，也较易操作，但不同部位的肌肉对电刺激的感受性不太一样，因而嫩化效果很难一致。

4. 高压嫩化

利用高压（100～1 000 MPa）嫩化肉类是近年发展起来的新技术。高压嫩化具有嫩化效果明显、作用均一的优点。与其他方法相比，高压嫩化不仅卫生条件好（处理前进行真空包装），不会增加微生物污染的机会，而且高压处理还可以起到杀菌作用。另外，肉经过高压处理后可使风味得到改善。高压嫩化的机理首先是机械作用，即在压力作用下，肌肉体积收缩，肌膜和肌原纤维、肌动蛋白和肌原蛋白之间发生一定错位，使肌肉结构松散，嫩度增加。高压嫩化的主要原因是高压作用使肌肉中肉质网破坏，钙离子释放，激活钙激活酶系统，从而使肉嫩化。不过高压处理对肉也有一些不利影响，当压力超过 300 MPa 时，肉的颜色受损，肉色变白，光泽下降。因此高压嫩化使用压力一般不超过300 MPa，另外，高压设备一次性投资较大，限制该技术的普及。高压处理能耗相对较低，不产生空气污染和化学污染，有利于环境保护。高压嫩化的使用是先将肉用真空包装，在 200～300 MPa 下处理 10 min 左右，即可提高肉的嫩度，处理后的鲜肉保藏期至少可以延长一周以上。该法还顺应目前小包装分割冷却肉的国际消费趋势，很有发展前景。

5. 外源酶嫩化法

利用外源蛋白酶嫩化肉类至少已有四五百年的历史了，近二三十年该法得以完善。使用最多的酶是木瓜蛋白酶、菠萝蛋白酶、无花果蛋白酶等植物性蛋白酶，这些酶性质稳定，分解蛋白能力强，而且可以分解一般方法不能作用的弹性蛋白。市场很多嫩肉剂就是这类产品。使用方法有喷洒搅拌、浸泡、注射、活体静脉注射和宰后大动脉泵注等，在活体静脉注射时要用氧化型的植物蛋白酶，氧化型酶进入机体后在内源还原物质的作用下慢慢转化为还原型而发挥嫩化作用，活体注射酶靠血液流动很快进入肌肉，但分布也很不均匀，尤其对内脏组织的破坏很大，脏器的综合利用受到限制。外源植物酶嫩化方法的共同缺点是嫩化不匀，增加成本，产品风味不理想，超量时发苦。由于大多数的植物蛋白酶对热的耐受性较高，一般在 65～75℃的温度下有很高的活性，有的在 90℃的高温下也有嫩化作用，因此在加工熟制时加入植物蛋白酶有一定的嫩化作用。

6. 激活内源酶嫩化技术

研究表明，肉的嫩化是由多种酶协同作用完成的，其主要作用单位是钙激活酶系统。在自然状态下，僵直后的肌肉中 ATP 减少，肌质网自溶破裂，失去钙泵作用，钙离子释放，细胞内游离钙离子尝试升高，钙激活酶系统受到激活，启动肌原纤维蛋白降解，并引发其他蛋白酶的作用，促进肌纤维降解。研究表明，在肌肉僵直前注射钙离子，或浸泡在一定浓度的钙离子溶液中，一天以后嫩度比对照组下降 50%，钙离子处理可以使牛肉成熟期缩短至 1～3 天，而肉的多汁性、色泽基本不受影响。生产中一般用 0.2～0.3 mol/L 的氯化钙溶液按肉重 3%～5%的量注射，包装后放在冷却状态下储存 3～5 天，即可达到理想的质地。由于钙是人体必需元素，氯化钙的使用不仅无害，而且有益。但过量注射会有苦涩味，且注射也增加了微生物的污染途径。

7. 加热嫩化

不同加热处理方法对肉的嫩度有很大影响。一方面，加热可以使肌肉结缔组织中的胶原转变为明胶，使肉变软；另一方面，热处理使肌肉纤维蛋白凝聚收缩、长度缩短，肌肉失水变硬，但随着加热时间延长、肌肉逐步降解、肌纤维结构破坏、可溶性蛋白质增加，使肌肉重新吸水变软。这两方面作用取决于肌肉中结缔组织的量及加热温度和时间的使用。一般来讲，质量好的肉经短期加热后嫩度下降，而质量差的肉长时间加热后嫩度上升。在较低温度条件下（51～60℃），结缔组织软化为主要因素，因此低温长时间加热对改善肉的嫩度有利。因此中国牛肉制品的传统加工方法对肉的质量要求不很严格，而牛排、烤肉和火腿等高档产品对肉质的要求就严格得多。不过加热处理对结缔组织中的弹性蛋白作用不大。因此有些质量差的老龄牛肉经过长时间加热嫩度也不降低。另外，在烹调加热之前，用复合磷酸盐腌制一下，有利于产品保水性和嫩度的改善。

第3节 风 味

一、风味的概念

肉的风味指生鲜肉的气味和加热后肉制品的香气和滋味。它是肉中固有成分经过复杂的生物化学变化，产生各种有机化合物所致。其特点是成分复杂多样，含量甚微，用一般的方法很难测定。除少数成分外，多数不稳定，加热易破坏和挥发。呈味性能与其分子结构有关，呈味物质均具有各种发香基团。如：羟基（—OH），羧基（—COOH），醛基（—CHO），羰基（—CO），巯基（—SH），氨基（$—NH_2$），亚硝基（$—NO_2$），酰氨基（$—CONH_2$），苯基（$—C_6H_5$）。这些肉的味质是通过人的高度灵敏的嗅觉和味觉器官反映出来的。肉的鲜味（香味）由味觉和嗅觉综合决定。肉的鲜味成分，来源于核苷酸、氨基酸、酰胺、肽、有机酸、糖类、脂肪等前体物质。

二、气味

气味是肉中具有挥发性的特征，随气流进入鼻腔，刺激嗅觉细胞通过神经传导到大脑嗅区而产生的一种刺激感。气味的成分十分复杂，约有1 000多种，牛肉的香气，经实验分析有300种左右。主要有醇、醛、酮、酸、酯、醚、呋喃、吡咯、内酯、糖类及含氮化合物等。肉香味化合物主要是通过氨基酸与还原糖间的美拉德反应，蛋白质、游离氨基酸、糖类、核苷酸等生物物质的热降解和脂肪的氧化作用三个途径产生的。与肉香味有关的主要化合物见表4—3。

动物种类、性别和饲料等对肉的气味有很大影响。生鲜肉散发出一种肉腥味，羊肉有膻味，狗肉有腥味，特别是晚去势或未去势的公猪、公牛及母羊的肉有特殊的性气味，在发情期宰杀的动物散发出令人厌恶的气味。饲料含有硫丙烯、二硫丙烯、丙烯一丙基二硫化物等会移行在肉内，发出特殊的气味。肉在冷藏时，由于微生物繁殖，在肉表面形成菌落成为黏液，而后产生明显的不良气味。长时间的冷藏，脂肪自动氧

表 4—3　　与肉香味有关的主要化合物

化合物	特性	发现于何种肉食	由何种反应产生
羰基化合物（醛酮）	脂溶、挥发性	鸡肉和羊肉的特有香味、水煮猪肉、浅烤猪肉	脂肪氧化、美拉德反应
含氧杂环化合物（呋喃和呋喃类）	水溶、挥发性	煮猪肉、煮牛肉、炸鸡、烤鸡、烤牛肉	维生素 B_1 和维生素 C 与碳水化合物的热降解，美拉德反应
含氮杂环化合物（吡嗪、吡啶、吡咯）	水溶、挥发性	浅烤猪肉、炸鸡、高压煮牛肉、加压煮猪肝	美拉德反应，游离氨基酸和核苷酸加热形成
含 O、N、杂环化合物（噻唑、噁唑）	水溶、挥发性	浅烤猪肉、煮猪肉、炸鸡、烤火鸡、腌火腿	氨基酸和 H_2S 的分解
含硫化合物（硫醇、噻吩、少量 H_2S）	水溶、挥发性	鸡肉基本味、鸡汤、煮牛肉、煮猪肉、烤鸡	含硫氨基酸热降解，美拉德反应
游离氨基酸、单核苷酸（肌苷酸、鸟苷酸）	水溶、挥发性	肉鲜味、风味增强剂	氨基酸衍生物
脂肪酸酯、内酯	脂溶、挥发性	种间特有香味、烤牛肉汁、水煮牛肉	甘油酯和磷脂水解、羟基脂肪酸杯化

化，解冻肉汁流失，肉质变软都会使肉的风味降低。肉在不良环境储藏或与带有挥发性物质如葱、蒜、鱼、药物等混合储藏，也会吸收外来异味。

三、滋味

滋味是由溶于水的呈味物质刺激人的味蕾，通过神经传导到大脑而反应出的味感。舌面分布的味蕾，可以感觉到不同的味道。肉的鲜味成分主要来源于核苷酸、氨基酸、酰胺、肽、有机酸、糖类、脂肪等前体物质。关于肉风味前体的分布，近年来研究较多。如把牛肉中风味的前体物质用水提取后，剩下不溶于水的肌纤维部分，几乎不存在有香味物质。另外在脂肪中人为地加入一些物质，如葡萄糖、肌苷酸、含有无机盐的氨基酸（谷氨酸、甘氨酸、丙氨酸、丝氨酸、异亮氨酸），在水中加热后，结果生成和肉一样的风味，从而证明这些物质为肉风味的前体。

当肉加热后，肉中的组成成分反应生成各种呈味物质，赋予肉以滋味和香味。鉴于肉的基本组成类似，包括蛋白质、脂肪、碳水化合物等，而风味又是由这些物质反应生成，加上烹调方法具有共同性，如加热，所以无论来于何种动物的肉均具有一些共性的呈味物质。当然不同来源的肉还有其独特的风味，如牛、羊、猪、禽肉有明显的不同。风味的差异主要来自于不同种动物脂肪酸组成明显不同，造成氧化产物及风味的差异。

生肉不具备芳香性，烹调加热后一些芳香前体物质经脂肪氧化、美拉德褐变反应以及硫胺素降解产生挥发性物质，赋予熟肉芳香性。人们较早就知道将生肉汁加热就可以产生肉香，但在加热过程中随着大量的氨基酸和绝大多数还原糖的消失，一些风味随之产生。脂质氧化是产生风味物质的主要途径，不同种类风味的差异也主要是由于脂质氧化产物不同所致。另外，亚硝酸盐是腌肉的主要特色成分，它除了具有发色作用外，对腌肉的风味也有重要影响。亚硝酸盐（抗氧化剂）抑制了脂肪的氧化，所以腌肉可以体现肉的基本滋味和香味，减少了脂肪氧化所产生的具有种类特色的风味以及过热味。

成熟肉风味的增加，主要是核苷类物质及氨基酸变化所致。牛肉的风味主要来自半胱氨酸，猪肉的风味可以从核糖、胱氨酸获得。牛、猪、绵羊的瘦肉所含挥发性的香味成分主要存在于肌间脂肪中，如大理石花纹样肉。脂肪交杂状态越密风味越好。因此肉中脂肪沉积的多少，对风味更有意义。

第4节　持　水　力

一、肉持水力的概念

肉的持水力指肉在压榨、加热、切碎搅拌时，保持水分的能力，或在向其中添加水分时的水合能力。这种特性对肉品加工的质量有很大影响，例如肉在冷冻和解冻时如何减少汁液流失，加工时要加入一定量的水，盐浸和干制脱水保藏等。

肉的持水力是一项重要的肉质性状，它不仅影响肉的色香味、营养成分、多汁性、嫩度等食用品质，还有着重要的经济价值。利用持水力这一特性，在加工过程中可以添加水分，从而提高出品率。如果肌肉持水力差，那么从家畜宰后到肉被烹调前这一段过程中，肉因为失水而失重，造成经济损失。美国在20世纪80年代因部分猪肉持水力较差而造成每年几亿美元的损失，而我国2000年肉类产量约6 000万吨，如果肉的持水性能不良而损失1%的肉质量，那么全国当年就会损失60万吨食用肉。

二、影响保水性的主要因素

1. 内在因素

（1）蛋白质。肉中少量的蛋白质结合的束缚水对保水性影响不大。参与保水性变化的主要是游离水。水在肉中存在的状况与蛋白质的空间结构有关。蛋白质网状结构越疏松，固定的水分越多，反之则较少。

（2）pH值。肉在成熟时，持水性又有回升。一般宰后2～4天pH值下降，最终pH值在5.5左右，此时水合率为40%～50%；最大尸僵期以后pH值为5.6～5.8，水合率可达60%。因在成熟时pH值偏离了等电点，肌动球蛋白解离，扩大了空间结构和极性吸引，使肉的吸水能力增强，肉汁的流失减少。宰后24 h肉汁流失量达44%，6天后开始下降至41%，30天后流失得更少，接近35%。

极限pH值越高，肉越柔软。如果屠宰前人为地使糖原下降，则会获得较高的pH值。但这种肉成熟后易形成DFD肉，其特征为持水性高、肉质干硬、肉色发暗。高pH值成熟是由中性氨态酶起促进作用，故游离氨基酸多。

（3）金属离子。肌肉中含有Ca，Mg，Zn，Fe，Ag，Al，Sn，Pb，Cr等多价金属元素，除前四种含量较多外，其余均属微量，在100 g鲜肉中含量不超过0.06～0.08 mg。金属元素在肉中以结合或游离状态存在，它们在肉成熟期间会发生变化。这些多价金属在肉中浓度虽低，但对肉保水性的影响却很大。在最大尸僵期，往肉中注入Ca^{2+}可以促进肉的软化。试验中发现，Ca^{2+}大部分与肌动蛋白结合，对肌肉中肌动蛋白具有强烈作用。Mg^{2+}对肌动蛋白的亲和性则较小，但对肌球蛋白亲和性则较强。Fe^{2+}与保水性并无关系。除去Ca^{2+}，则使肌肉蛋白的网状构造分裂，可使保水性增强。Zn及Cu亦具有同样的作用。1价金属如K含量多，则肉的保水性低。但Na的含量多时，则保水性有变好的倾向。肉中K与Na的含量较2价金属多，但它们与肌肉蛋白的溶解性的作用较2价金属小。肉中尚含有微量的锰、铜、锌、镍等，其中锌与钙一样能降低肉的保水性。

(4) 动物因素。畜禽种类、年龄、性别、饲养条件、肌肉部位及屠宰前后处理等，对肉保水性都有影响。兔肉的保水性最佳，其次为牛肉、猪肉、鸡肉、马肉。就年龄和性别而言，去势牛＞成年牛＞母牛＞幼龄牛＞老龄牛，成年牛随体重增加而保水性降低。安藤四郎等试验表明：猪的岗上肌保水性最好，依次是胸锯肌＞腰大肌＞半膜肌＞股二头肌＞臀中肌＞半腱肌＞背最长肌。其他骨骼肌肉较平滑肌为佳，颈肉、头部肉比腹部肉、舌肉的保水性好。

(5) 宰后肉的变化。保水性的变化是肌肉在成熟过程中最显著变化之一。刚屠宰后的肉保水性很高，但几小时甚至几十小时后就显著降低，然后随时间的推移而缓缓地增加。

(6) PSE 肉和 DFD 肉。在成熟过程中，为避免微生物繁殖，屠宰后屠体在 0～4℃下冷却。当 pH 值在 5.4～5.6 之间时，温度也达不到37～40℃，因此在成熟中蛋白质不会变性。但有些猪死后的糖酵解速度却比正常的猪快得多，在屠体温度还远未充分降低时就达到了极限 pH 值。所以就会产生明显的肌肉蛋白质变性。这样的肌肉在僵直后肉色淡（Pale)、组织松软（Soft）、汁液易渗出（Exudative)，即所谓的 PSE 肉。这种肌肉肉质差，不适于做精肉。PSE 肉多来自于猪肉，但牛和羊也会产生 PSE 肉。一般将屠宰后 45 min 内背最长肌 pH 值低于 5.8 的猪肉定为 PSE 肉。

PSE 肉肉色发浅，收缩蛋白质的提取性下降。前者是由于变性的肌冻蛋白质覆盖了肌红蛋白，或是由于肌红蛋白自身变化造成的。后者是由于收缩蛋白被变性肌浆蛋白质覆盖或是被提取的收缩蛋白质机能自身也有所下降从而导致自体变性引起的。

因此，如果屠宰后因 pH 值降低很快，但胴体温度仍很高，使与蛋白质结合的水减少，从而导致 PSE 肉的产生。有时还会出现另外一种情况，如果肌肉中糖原含量较正常低，则肌肉中 pH 值最终会由于乳酸积累少而比正常情况高（pH 值约为 6.0)。由于结合水增加和光被吸收，使肌肉外观颜色变深，产生 DFD（Dark，Firm，Dry）肉。这种情况主要出现在牛肉中，故又称深色牛肉切块。产生 DFD 肉的主要原因是宰前长期处于紧张状态，使肌肉中糖原含量减少所致。

2. 外部因素

在肉的腌制或加工过程中添加剂对肉的持水性有很大影响。

（1）磷酸盐。添加酸或碱来调节肌肉的 pH 值，并借加压方法测定其保水性能时可知，保水性随 pH 值的高低而发生变化。当 pH 值在 5.0 左右时，保水性最低。保水性最低时的 pH 值几乎与肌动球蛋白的等电点一致。如果稍微改变 pH 值，就可引起保水性的很大变化。任何影响肉 pH 值变化的因素或处理方法均可影响肉的保水性，尤以猪肉为甚。在实际肉制品加工中常用添加磷酸盐的方法来调节 pH 值至 5.8 以上，以提高肉的保水力。

肉制品生产中使用的磷酸盐有 20 余种，但我国《食品添加剂使用卫生标准》（GB 2760—1996）中明文规定可用于肉制品的磷酸盐主要有磷酸三钠、焦磷酸钠、三聚磷酸钠和六偏磷酸钠等。

在肉制品中使用磷酸盐，一般是以提高保水性、增加出品率为主要目的，但实际上磷酸盐对提高结着力、弹性和赋形性等均有作用。

（2）食盐。一定浓度的食盐具有增加肉保水能力的作用。这主要是因为食盐能使肌原纤维发生膨胀。肌原纤维在一定浓度食盐的存在下，大量氯离子被束缚在肌原纤维间，增加了负电荷引起的静电斥力，导致肌原纤维膨胀，使保水力增强。另外，食盐腌肉使肉的离子强度增加，肌纤维蛋白质数量增多。在这些纤维状肌肉蛋白质加热变性的情况下，将水分和脂肪包裹起来凝固，使肉的保水性提高。Hamm 就生肉及加热肉的保水性用牛肉进行的试验表明，当食盐浓度在 4.6%～5.8%（离子强度为 0.8～1.0）时，保水性最强（当然受肉本身 pH 值的影响很大）。通常肉制品中食盐含量在 3%左右，因此为提高黏结性和保水性，有必要在制品中添加黏结剂。

（3）大豆蛋白。在肉的腌制或加工过程中添加外源性蛋白能改善肉的保水性。最常用的外源蛋白是大豆蛋白。现在用的比较多的是大豆浓缩蛋白和大豆分离蛋白。浓缩大豆蛋白中蛋白含量超过 70%，而大豆分离蛋白粉中蛋白质含量超过 90%。但浓缩大豆蛋白粉溶解性较差，且随着浓度的增加，盐水黏度明显增加，使盐水成分在肉块中的均匀分布受到影响，因而在肉制品中使用有限。大豆分离蛋白分散性及溶解性好，在高盐溶液中也很稳定，最适宜配制蛋白质盐水。大豆蛋白中 90%以上是大豆球蛋白。因此，在缺乏肌球蛋白的配方中，大豆分离蛋白添加剂则显得更为重要。据报道，使用 2%分离蛋白具有 10%瘦肉的保水功能。大豆蛋白的添加量应控制在 10%以内，最好在 5%左右。

第五章
肉的储藏与保鲜

肉是易腐败食品，处理不当就会变质，为延长肉的货架期，不仅要改善原料肉的卫生状况，还要采取控制措施阻止微生物生长繁殖。原料肉的储藏保鲜方法正确与否直接影响肉品质量。

第 1 节　温度对肉的影响

食品的腐败变质主要是由酶的催化和微生物的作用引起的。这种作用的强弱与温度密切相关，只要降低食品的温度就可使微生物和酶的作用减弱，阻止或延缓食品腐败变质的速度，从而达到较长期储藏的目的。

一、温度对微生物的作用

微生物和其他动物一样，需要在一定的温度范围内生长、发育、繁殖。温度的改变会减弱其生命活动，甚至会导致其死亡。主要的微生物有细菌、霉菌和酵母菌，肉是它们生长繁殖的最佳材料，一旦这些微生物在肉上生长繁殖，就会分泌出各种酶，使肉中的蛋白质、脂肪等发生分解，并产生硫化氢、氨等难闻气体和有毒物质，使肉失去原有的食用价值。

根据微生物对温度的耐受程度，可将它们分成四大类，即嗜冷菌、适冷菌、嗜温菌和嗜热菌。

1. 低温使微生物致死的原因

温度对微生物的生长繁殖影响很大，随着温度的降低，它们的生长与繁殖率降低，当温度降至最低生长温度时，其新陈代谢活动可降至极低程度，并出现部分休眠状态。低温使微生物致死的原因是多方面的，但直接使微生物死亡的原因主要有两个方面：一是微生物的新陈代谢受到破坏，二是破坏了细胞结构。

2. 影响微生物低温致死的因素

(1) 温度。在冰点左右，特别在冰点以上，微生物仍具有一定的生长繁殖能力。虽然只有部分适应低温的微生物和嗜冷菌能够生长发育，但最后也会导致食品变质。保藏温度稍低于生长温度或冻结温度时对微生物的威胁性最大，一般为−12～−8℃，尤其以−5～−2℃为最佳，此时微生物的活动会受到抑制或几乎全部死亡。但在−25～−20℃时，微生物细胞内所有酶的反应几乎全部停止，但也延缓了细胞内胶质体的变性，因而，此时微生物的死亡比在−12～−8℃时要缓慢得多。温度急剧下降到−30～−20℃时，所有生化变化和胶质体变性几乎完全停止，以致细胞仍能在较长时间内保持其生命力。

(2) 降温速度。结冰前降温越快，微生物的死亡率越大。这是因为迅速降温使微生物细胞内的新陈代谢未能及时迅速地重新调整所致。但急速冷冻时，如果水分不能形成冰晶体，反而有利于保持细胞内胶质体的稳定性，而使微生物存活率增加。

(3) 介质。高水分和低 pH 值的介质会加速微生物的死亡，但糖、盐、蛋白质、胶体、脂肪对微生物则有保护作用。

(4) 储藏期。低温储藏时微生物数一般总是随着储藏期的延长而减少。储藏初期微生物减少的量最大，其后死亡率下降。

(5) 交替冻结和解冻。理论上认为交替冻结和解冻将加速微生物的死亡，但实际上效果并不显著。如炭疽病毒在−68℃温度下的 CO_2 中冻结，再在水中解冻，反复连续两次，结果仍未失去毒性。

二、温度对酶的作用

食品包含有许多酶，一些是食品自身所含有的，而另一些则是微生物在生命活动中产生的，这些酶是食品腐败变质的主要因素之一。酶的活性受多种条件所制约，其中主要制约因素是温度，不同的酶有各自最适的温度范围。肉类中各种酶最适合的温度是37～40℃，温度的升高或降低，都会影响酶的活性。一般而言，在0～40℃范围内，温度每升高10℃，反应速度将增加1～2倍。当温度高于60℃时，绝大多数酶的活性急剧下降；温度降低时，酶的活性会逐渐减弱，当温度降到0℃时，酶的活性大部分被抑制。但酶对低温的耐受力很强，如氧化酶、脂肪酶等能耐－19℃的低温。在－20℃左右，酶的活性就不明显了，可以达到较长期储藏保鲜的目的。所以商业上一般采用－18℃作为储藏温度。实践证明，对于多数食品在几周甚至几月内是安全的。

三、温度与寄生虫

鲜猪肉、牛肉中常有旋毛虫、绦虫等寄生虫，冻结可以杀死肉类中的寄生虫。猪肉中旋毛虫可在冻结状态下被杀死，致死所需要的时间与肉块的厚薄有关。根据美国的资料，杀死猪肉中旋毛虫的条件见表5—1。

表5—1　杀死猪肉中旋毛虫的冻结条件　天

冻结温度（℃）	肉的厚度小于15 cm	肉的厚度15～68 cm
－15	20	30
－23.3	10	20
－29	6	16

牛肉和猪肉中的有钩绦虫或无钩绦虫、囊尾蚴虫亦可用冻结的方法致死。寄生虫不太严重时，必须将肉类在－10℃以下温度放置2周。我国的《肉品卫生检验》规定，猪肉在规定检验部位40 cm^2 面积内发现囊尾蚴和钙化的虫体3个以下者（包括3个），整个肉体须经冷冻或盐腌无害处理后方可出厂。

第2节　肉的气调保鲜

在我国，鲜肉消费占肉类总产量的70%～80%。目前国内猪肉的销售方式以集市无包装销售和超市的速冻包装为主。前者虽然有较好的新鲜度，但在流通过程中易导致质量下降；后者虽可较长时间保存，但鲜度较差，难以满足人们对新鲜食品的质量要求。

在经济发达国家，鲜肉都以小包装的形式在超市销售，北美和欧洲一些国家，如美国、加拿大、德国和荷兰等国，普遍采用保鲜包装并在低温冷藏链下流通，有效提高了鲜肉的保鲜期和质量。这种保鲜包装鲜肉须在0～5℃温度下储存和销售，常称之为“冷却肉”。

鲜肉的气调包装就是利用适合保鲜的保护气体置换包装容器内的空气，抑制细菌繁殖，结合调控温度以达到长期保存和保鲜的一种技术。

一、气调保鲜原理

研究表明，大气环境和温度是影响鲜肉保藏期的主要因素。在常温的大气环境中，细菌迅速繁殖而导致鲜肉变质，因而降低储藏温度，并创造一个人工气候环境，则可有效延长鲜肉的保质期。

鲜肉气调保鲜原理，是通过在包装内充入一定的气体，破坏或改变微生物赖于生存繁殖以及色变的条件，以达到保鲜的目的。气调包装用的气体通常为CO_2、O_2和N_2，或是它们的各种组合。每种气体对鲜肉的保鲜作用各不相同。

1. CO_2

CO_2是气调包装的抑制剂，对大多数需氧菌和霉菌的繁殖有较强的抑制作用。CO_2也可延长细菌生长的滞后期和降低其对数增长期的速度，但对厌氧菌和酵母菌无作用。由于CO_2可溶于肉中，降低肉的pH值，可抑制某些不耐酸的微生物。但CO_2对塑料包装薄膜具有较高的透气性和易溶于肉中，导致包装盒蹋落，影响产品外观。因此，若选用CO_2作为保护气体，应选用阻隔性较好的包装材料。

2. O_2

O_2对鲜肉的保鲜作用主要有两方面，一是抑制鲜肉储藏时厌氧菌繁殖，二是在短期内使肉色呈鲜红色，易被消费者接受。但氧的加入使气调包装肉的储存期大大缩短。在0℃条件下，储存期仅为2周。

3. N_2

N_2是惰性气体，对被包装物一般不起作用，也不会被食品所吸收。氮对塑料包装材料透气率很低，因而可作为混合气体缓冲或平衡气体，并可防止因CO_2逸出包装盒受大气压力压蹋。

二、气调气体的选用

气调保鲜肉用的气体，须根据保鲜要求选用由一种、二种或三种气体按一定比例组成的混合气体。

1. 100%CO_2 气调包装

在冷藏条件下（0℃），充入不含 O_2 的 CO_2 至饱和可大大提高鲜肉的保存期，同时可防止肉色由于低氧分压引起的氧化变褐。用这一方式保存猪肉至少可达 15 周。如果能做到从屠宰到包装、储藏过程中有效防止微生物污染，则储藏期可达到 20 周。因此，纯 CO_2 气调包装适合于批发的、长途运输的、要求较长保存期的销售方式。为了使肉色呈鲜红色，让消费者所喜爱，在零售以前，改换含氧包装，或换用聚苯乙烯托盘覆盖聚乙烯薄膜包装形式，使氧与肉接触形成鲜红色氧合肌红蛋白，吸引消费选购。改成零售包装的鲜肉在 0℃下约可保存 7 天。

2. 75%O_2 和 25% CO_2 的气调包装

用 75%O_2 和 25% CO_2 组成的混合气体充入鲜肉包装内，既可形成氧合肌红蛋白，又可使肉在短期内防腐保鲜，在 0℃的冷藏条件下，可保存 10～14 天。这种气调保鲜肉是一种只适合于在当地销售的零售包装。

3. 50%O_2、25% CO_2 和 25%N_2 的气调包装

用 50%O_2、25% CO_2 和 25%N_2 组成的混合气体作为保护气体充入鲜肉包装内，既可使肉色鲜红、防腐保鲜，又可防止因 CO_2 逸出包装盒受大气压力压塌。这种气调包装同样是一种适合于在本地超市销售的零售包装形式。在 0℃冷藏条件下，保存期可达到 14 天。不同气体配方猪肉的保鲜效果见表 5—2。

表 5—2　　猪肉的气调保鲜效果

项目	包装前	100%CO_2		75%O_2＋25%CO_2		50%O_2＋25%CO_2＋25%N_2	
		7 天	14 天	7 天	14 天	7 天	14 天
细菌总数/(cfu/g)	4.8×10^2	2.5×10^3	6.5×10^3	2.6×10^6	3.8×10^7	7.4×10^5	9.6×10^5
TVBN/(mg/100g)	11	9	10	13	11	10	11
pH 值	5.9	6.1	6.0	6.5	6.4	6.4	6.3
血红素	258	43	41	168	132	145	130

如上表所示，100%CO_2 气调包装，防腐效果最好，肉色最差，但一旦重新接触氧气，肉色会有所改善。用 75%O_2、25%CO_2 包装的肉的肉

色最好，但防腐效果最差，亦即保质期最短。

三、气调包装应注意的问题

鲜肉气调包装的保鲜效果取决于以下四个因素：①鲜肉在包装前的卫生指标；②包装材料的阻隔性及封口质量；③所用气体配比；④包装肉储存环境温度。因此，在鲜肉气调包装工艺上应注意以下问题。

1. 鲜肉在包装前的处理

生猪宰杀后，如果在0～4℃温度下冷却24 h，可以抑制鲜肉中ATP的活性，同时完成排酸过程。这种排酸后的冷却肉，营养和口感远比速冻肉好。另外，为了保证气调包装的保鲜效果，还必须控制好鲜肉在包装前的卫生指标，防止微生物污染。

2. 包装材料的选择

气调包装应选用阻隔性良好的包装材料，以防止包装内气体外逸，同时也要防止大气中O_2的渗入。作为鲜肉气调包装，要求对CO_2和O_2均有较好的阻隔性，通常选用以PET，PP，PA，PVDC等作为基材的复合包装薄膜。

3. 充气和封口质量的保证

充气和封口质量的控制，必须依靠先进的充气包装机械和良好操作质量，例如连续式真空充气包装机，从容器成型、计量充填、抽真空充气到封口切断、打印日期和产品输出均在一台机器上自动连续完成，不仅高效可靠，而且减少了包装操作过程中的各种污染，有利于提高保鲜效果。

4. 产品储存温度的控制

温度对保鲜效果的影响来自两个方面：一是温度的高低直接影响肉体表面的各种微生物的活动；二是包装材料的阻隔性与温度有着密切关系。温度越高，包装材料的阻隔性越小。因此，必须实现从产品、储存、运输到销售全过程的温度控制。

四、气调保鲜的应用与发展

CO_2是鲜肉气调储藏中最常用的气体。高浓度CO_2的气调在肉保鲜上的首次应用是在1930年，在把鲜肉由澳大利亚和新西兰运往英国去的过程中，发挥了较好的保鲜作用。到1938年，澳大利亚的26%和新西兰的60%鲜肉都是在 CO_2 的气调保存方式下运输的。气体比例为 CO_2 ∶ O_2 ＝20∶80（体积比），一般采用大包装或大容器。

到20世纪70年代，高浓度 CO_2 气调对肉的保鲜作用又重新引起了人们的兴趣。人们用 CO_2，N_2，O_2，H_2 等不同气体及其组合进行了广泛的试验，观察其对微生物的抑制效果及对肉的影响。研究表明，充入20%的 CO_2，可抑制肉中革兰氏阴性菌的繁殖，延长保存期，同时加入5%以下 O_2，可以使包装袋内的肉色呈鲜红色。但随后的研究又发现，氧气的加入虽最初可使肉色红亮，但以后肉褐变严重，储存期也明显缩短。

到了20世纪80年代，大量试验和实践证明，100% CO_2 气调为最理想的鲜肉保鲜方式。通过研究各种气体及其组合对肉上微生物生长情况及肉色的影响发现，在0℃的冷藏条件下，充入不含氧 CO_2 至饱和可大大提高鲜肉的保存期，同时可防止肉色由于低氧分压引起的氧化变褐。如果能做到从屠宰到包装、储藏过程中有效防止微生物污染，则鲜肉在0℃气调下能达到20周的储存期。

我国对气调保鲜肉的研究始于20世纪80年代后期，但在生产和商业中的应用仅是近几年的事。目前，仅仅在北京、上海等少数大城市的市场上可看到这类气调保鲜肉。近几年，国外先进的连续式真空充气包装机的引进，将使气调保鲜肉的生产成为可能。

第3节　肉的辐射处理

辐射处理是利用原子能射线的辐射能量对食品进行杀菌处理而保存食品的一种物理方法，是一种安全卫生、经济有效的食品保存技术。1980年由联合国粮农组织（FAO）、国际原子能机构（IAEA）、世界卫生组织（WHO）组成的辐照食品卫生安全性联合专家委员会就辐照食品的安全性得出结论：食品经不超过10 kGy的辐照，没有任何毒理学危害，也没有任何特殊的营养或微生物学问题。

一、辐射保藏食品的原理

1. 辐射源

α射线是从原子核中射出的带正电的高速离子流，β射线是带负电的高速粒子流，γ射线是一种光子流，它是原子核从高能态跃迁到低能态时放出的。γ射线的能量最大，为几十万电子伏特以上，而可见光只有几个电子伏特。从电离能力来看，α射线最强，γ射线最弱；从对物质的穿透能力来看，γ射线最强，β射线的电离及穿透能力处于α射线和γ射线之间。

辐射源是进行食品辐射杀菌最基本的工具。常用的辐射源有电子束辐射源（产生电子射线）、X射线源和放射性同位素源。用于肉类辐射保鲜的辐射源主要是放射性同位素源，如^{60}Co和^{137}Cs辐射源，^{60}Co最常用。

2. 辐射的作用

食品的辐射杀菌，通常是用X，γ射线，这些高能带电或不带电的射线引起食品中微生物、昆虫发生一系列生物化学反应，使它们的新陈代谢、生长发育受到抑制或破坏，甚至使细胞组织死亡等。而对食品来说，发生变化的原子、分子只是极少数，加之已无新陈代谢，或只进行缓慢的新陈代谢，故发生变化的原子、分子几乎不影响或只轻微地影响食品的新陈代谢。

（1）控制旋毛虫

旋毛虫在猪肉中防治比较困难，但其幼虫对射线比较敏感，用低剂量的γ射线辐照，就能使其丧失生殖能力。因而将猪肉在加工过程中通过射线源的辐照场，使其接受γ射线的辐照，就能达到消灭旋毛虫的目的。在肉制品加工过程中，也可以用辐照方法来杀灭调味品和香料中的害虫，以确保产品免受其害。

（2）灭菌保藏

新鲜猪肉经真空包装，用^{60}Co γ射线 15 kGy 进行灭菌处理，可以全部杀死大肠菌群、沙门氏菌和志贺氏菌，仅个别芽孢杆菌残存下来。这样的猪肉在常温下可保存 2 个月。用 26 kGy 的剂量辐照，则灭菌较彻底，能够在室温下储藏 1 年以上。香肠经^{60}Co γ射线 8 kGy 辐照，杀灭其中大量细菌，能够在室温下储藏 1 年。由于辐照香肠采用了真空包装，在储藏过程中也就防止了香肠的氧化退色和脂肪的氧化酸败。叉烧猪肉经^{60}Co γ射线 8 kGy 照射，细菌总数从 2 万 cfu/g 下降到 100 cfu/g，在 20℃恒温下可保存 20 天；在 30℃高温下也能保存 7 天，对其色、香、味和组织状态均无影响。新鲜猪肉去骨分割，用隔水、隔氧性好的食品包装材料真空包装，用^{60}Co γ射线5 kGy照射，细菌总数由54 200 cfu/g下降到53 cfu/g，可在室温下存放5～10天不腐败变质。

3. 辐射储藏的优点

肉类辐射储藏是利用放射性核素发出的γ射线或利用电子加速产生的电子束或X射线，在一定剂量范围内辐照肉，杀灭其中的害虫和病原微生物及其他腐败细菌，或抑制肉品中某些生物活性物质和生理过程，从而达到保藏或保鲜的目的。该方法已越来越受到人们的关注，因为它与其他保藏加工方法相比，具有以下优点：

（1）射线穿透能力强，可以杀灭深藏于肉内部的病菌及害虫。而且处理方法简便，不论是大包装、小包装或散装的批量肉均可使用。

（2）辐照肉内的温度不会升高，因此不会引起肉品在色、香、味等方面的重大变化。辐照肉品的外观好，无营养损失。

（3）辐照肉的保藏方法是物理加工过程，没有化学药物残留问题，不会污染环境。

（4）辐照肉的保藏方法比较节省能源。根据国际原子能机构1976年报告，在能源消耗方面辐照方法最为节约：冷藏食品为90 kW/(h・t)，巴斯德加热消毒为300 kW/(h・t)，辐照灭菌为6.3 kW/(h・t)，而辐照巴斯德消毒为0.7 kW/(h・t)。

（5）辐照肉品保藏方法的加工效益高，一旦辐照装置投产后，可以连续作业。

4. 辐射对肉品质的影响

（1）颜色

鲜肉类及其制品在真空条件下辐照时，瘦肉的红色更鲜，肥肉也出现淡红色。这种增色在室温储藏过程中，由于光和空气中氧的作用会慢慢退去。

（2）嫩化作用

辐照能使粗老牛肉变得细嫩，这可能是射线所致。

（3）辐照味

肉类食品经过辐照后产生一种类似于蘑菇的味道，称为辐照味。辐照味的产生与照射剂量大致成正比。这种异臭的主要成分是甲硫醇和硫化氢。据报道在经20～60 kGy照射后，牛肉中乙醛、丙酮、丁酮、乙醇、甲硫醇、二甲硫醚、异丁硫醇等挥发性成分都有所增加，其中乙醛、丙酮、甲硫醇、二甲硫醚的增加尤为明显，这主要是含硫蛋白质分解所致。辐照肉类产生的异臭因动物种类而不同，牛肉产生的气味特别令人厌恶，而猪肉和鸡肉产生的气味较温和。肌肉蛋白的种类不同，影响也不一样。肌动蛋白受辐照的影响小，而肌动球蛋白受强烈照射会产生非常明显的异味。另外，辐照过的牛排有时会产生苦味，这可能是 ATP 转化为次黄嘌呤的缘故。为了减少辐照味及辐照所引起的物理变化及化学变化，可以采取低温辐照的方法。但低温时微生物抗辐照性增高，并且冷冻费用也随之增加。经综合平衡，认为起始辐照的肉品最佳温度为－40℃，在辐照结束时，肉品的温度不应超过－8℃。同时加入某些添加剂，如抗氧化剂、柠檬酸、香料、碳酸氢钠、维生素 C 等也能抑制辐照味。

只要辐照工艺合适，一般都能达到良好的保藏效果及感官质量。例如：我国四川省原子核技术所反鲜猪肉去骨分割，加入 2%食盐或 0.3%的碳酸氢钠，用聚乙烯膜（或聚丙烯膜）与聚乙烯醇膜的复合材料进行真空封装后，辐照 5 kGy，其细菌总数急剧下降，可在室温下存放 5～15 天不腐败变质。辐照 15 kGy 后细菌存活很少，色泽、黏度、弹性、风味都很好，可在室温下保藏 2 个月。剂量为 26 kGy 时灭菌较彻底，能保藏 1 年以上。经广泛食用评价，经辐照保藏的鲜猪肉的色香味比鲜猪肉略差，比冻肉好。

二、辐照工艺流程

只有合理的辐照工艺才能获得理想的效果。其工艺流程是：

前处理→包装→剂量的确定→检验→运输→保存。

1. 前处理

辐射保鲜就是利用射线杀灭微生物，并减少二次污染，从而达到保藏的目的。因此，辐射保藏的原料肉必须新鲜、优质、卫生，这是辐射保鲜的基础。辐照前对肉品进行挑选和品质检查，要求质量合格，原始含菌量、含虫量低。

2. 包装

屠宰后的胴体必须剔骨，去掉不可食部分，然后进行包装。包装的目的是为了避免辐射过程中的二次污染，便于储藏、运输。包装可采用真空或充入氮气。包装材料可选用金属罐或塑料袋。塑料袋一般选用抗拉度强、抗冲击性好、透氧率指标好、γ射线辐照后其化学、物理变化小的复合薄膜制成。一般以聚乙烯（PE）、聚对苯二甲酸乙二酯（PET）、聚乙烯醇（PVA）、聚丙烯（PP）和尼龙 6（PA6）等薄膜复合结构，有时在中层夹铝箔效果更好。采用热合封口包装是肉制品辐射保鲜的一个重要环节。因而要求包装能够防止辐照食品的二次污染。

3. 辐照

常用辐射源有^{60}Co，^{137}Cs 和电子加速器 3 种，其中^{60}Co 辐照源释放的γ射线穿透力强，设备较简单，因而多用于肉品辐照。辐照箱的设计，根据肉品的种类、密度、包装大小、辐射剂量均匀度以及储运销售条件决定，一般采用铝质材料，长方体结构，长、宽、高的比例可为 2∶15∶5。辐照条件根据辐照肉品的要求而定，如为减少辐照过程中某些营养成分的损失，可采用高温辐照。在辐照方法上，为了提高辐照效果，经常使用复合处理方法，如与红外线、微波等物理方法相结合。

4. 剂量的确定

辐照处理的剂量和处理后的储藏条件往往会直接影响其效果。辐照剂量越高，保存时间越长。

5. 辐照后的保藏

肉品辐照后可在常温下储藏。采用辐射耐储杀菌法处理的肉类，结合低温保藏效果较好。肉品辐射处理是一项综合性措施，要把好每一个工艺环节才能保证辐照的效果和质量。

虽然食品辐照可有效减少或去除病原菌和腐败微生物，保证食品的卫生和感官品质，但是许多消费者仍不愿接受辐射食品。因此科学家研究了电子束辐射应用在食品储藏中。因为机械加速的电子束辐射不使用任何放射性材料，消费者的认同可能会提高。

三、辐照食品的卫生安全性

通过辐照延长保藏期不仅用于肉及肉制品的生产，还广泛用于食品加工中，处理经过辐照处理的食品必须由国家的相应法规认可之后方可进入市场销售。各国的认可法规不同，有关国际组织推荐标准也不尽相同。但是，任何法规或标准的基本目的是保证辐照食品的卫生安全性，而卫生安全性主要包括以下四个方面：

1. 辐照必须不诱导放射性的形成；

2. 辐照食品必须保证微生物的安全性；

3. 营养价值必须被保留；

4. 在辐照过的食品中不产生引起毒性效应的有毒物质。

根据射线对物质的作用及辐照的生物个体效应，辐照食品卫生安全性的前两个方面都能从理论上得以论证，而且也有足够的实验证实，辐照食品过程中不诱导放射性核素的形成，并能彻底杀灭食品中的微生物。^{137}Cs 的射线能量低，不可能达到产生放射性核素的能量。而理论计算^{60}Co 射线，经 24 小时能感生的放射性仅仅是食品中天然放射性的 0.000 5%。采用能量为 10 MeV 的电子射线照射也未能感生可测得的放射性。不仅理论上而且实验也证明采用足够高的辐照剂量就可彻底消灭食品中的微生物。

有关辐照引起的食品成分、营养价值方面变化的文献报道甚多，其中也有一些相互矛盾的结论。这主要是由于辐照食品的种类繁多，实验条件不易控制而造成的。总结已有的研究成果，可以认为常规剂量引起的化学变化可以忽略，灭菌剂量引起的化学变化也甚微，一般情况下难以测出，只是在强辐照的作用下才引起食品成分及营养价值的变化。而这种超过灭菌剂量的强辐照在食品辐照实践中通常是不采用的。

辐照食品的毒理学研究表明，辐照食品在一定剂量范围内，不存在有害效应，也不能认为所生成的分解产物对人类健康都有害，因为同样的产物也在用其他加工方法处理的食品中被发现。

1976 年，辐照食品卫生安全性联合委员会根据辐照食品国际合作计划（IFIP）的研究结果以及各国大量的研究资料，明确提出：辐照食品的过程实质上是物理加工过程，与热加工和冷藏一样，应该与用食品添加剂和化学处理不同，必须区别对待。这种论点有力地推动了食品辐照的研究发展。

前述有关卫生安全性是各国《辐照食品法》中都具备的基本内容，但各国法规的齐整标准等是不同的，辐照食品的认可条件和规定也不同，多数辐照食品在“试验批量”“暂时承认”“试验销售”的限制条件下被认可。

四、肉制品辐射储藏的应用与发展

1895 年发现 X 射线，翌年人们就提出 X 射线的杀菌作用和实际应用问题。世界上最早把辐照保藏技术应用于肉品的专家是美国的

Wierbicki博士，他研究用辐照技术来减少、消除腌制肉品（火腿、咸肉、香肠）的亚硝酸盐含量获得成功。20 世纪 50 年代美国兴起一股食品辐照热。麻省陆军研究单位、马里兰大学、路易斯安那州大学等相继开展了对牛肉、火腿、猪肉、仔鸡肉、蟹肉、虾的辐照储藏研究。其后中国、荷兰等国也陆续开展了肉品辐照储藏技术的研究。1976 年辐照鸡肉第一次获联合国粮农组织（FAO）、国际原子能机构（IAEA）、世界卫生组织（WHO）、辐照食品卫生安全性联合专家委员会（JECFI）的无条件批准。1980 年 10 月 JECFI 全面总结了多年来世界各国食品辐照工业、辐射化学、微生物学和毒理学方面所取得的成果，得出经平均剂量 10 kGy 以下辐照的食品不存在任何危害，不需要进行毒理试验的结论。1988 年 12 月由 FAO/IAEA/WHO 共同发起召开了一次由许多国家政府参加的关于辐照食品可接受性、控制和贸易国际大会，通过了一份专门文件，又一次为食品辐照业的发展起了推动作用。

据 20 世纪 90 年代初期不完全统计，世界上用于食品及相关产品加工的辐照装置达 55 座，有 22 个国家每年辐照商品达 50 万吨。各国相继批准的辐照肉品有牛肉、禽肉、水产品（鱼、鲜虾、蛙腿等）等数十种。我国辐照保藏食品的研究始于 1958 年。四川、天津等省市从 1975 年开始开展了肉品辐照技术的研究。除了 1984 年 11 月辐照香肠通过卫生标准外，另外先后通过省级鉴定的还有猪肉、鲜猪肉、六合牛肉脯、道口烧鸡、涟水捆蹄等辐照肉品。近年来还陆续报道对板鸭、符离集烧鸡、北京烤鸭、熟兔肉、京味扒鸡和猪肉等辐照技术的研究。我国目前拥有 150 多座 ^{60}Co 辐照装置，其中设计总活度在 3.7×10^{12} kBq（100 kCi）以上的有 40 多座，实际装载量在 14.8×10^{10} kBq（100 MCi）以上，为我国制定卫生标准乃至辐照肉品的商品化打下基础。

第 4 节　肉的防腐处理

肉的防腐处理又可理解为肉的化学储藏，在肉品中应用已有悠久的历史，如在古代我国劳动人民就懂得用食盐来腌渍肉，以延长肉的储藏期。

肉的化学储藏就是在肉的生产和加工过程中使用化学制品，包括化学添加剂和食品添加剂，防止肉的腐败，来提高肉品的耐储藏性和尽可能保持它原来的品质的处理方法。在应用化学防腐剂、抗氧剂对肉作防腐处理的同时与其他储藏手段相结合，可以最大限度地延长保存期。

化学防腐剂包括有机酸及盐类，无机酸及盐类，能抑制微生物的生长和繁殖，达到延长保质期的目的。在肉品加工过程中广泛应用的食盐、糖、酒，虽然也有抑制微生物生长的作用，但它们属于香辛料的范畴，添加它们的主要目的是为了调味。

肉的腐败变质原因除了微生物以外，还有一些与微生物并没有关系，如脂肪的氧化和酶的自溶都能引起肉的腐败。因此，为了防止肉品的氧化加入的抗氧化剂，也属于化学储藏。

化学储藏与低温储藏和辐照储藏相比，既经济又简便，是一种最直接的方法。但到目前为止尚未找到一种完全无毒、无害，又具有广谱抗菌效果的化学制品，所以在实际生产中，利用化学储藏保鲜大多是几种方法并用，例如添加化学防腐剂、气调保鲜、低温储藏保鲜相结合的方法。

一、化学防腐剂

大多数细菌只能在中性或弱酸性环境中生长，还有不少细菌却是耐酸性的，能在适宜的酸性环境下生长。各种细菌耐酸性的差异甚大，一般细菌能在 pH 值 4.5～10 范围内生长。酸对微生物生长的影响并不完全取决于 pH 值，有机酸影响微生物的 pH 值就比无机酸高，一般未解离酸分子的抑菌结果好。有机酸的防腐作用机理是使菌丝蛋白质变性，干扰细胞膜和遗传机制，干扰细胞内酶的活力。酵母和霉菌比细菌耐酸性强，许多酵母和霉菌在 pH 值 1.5 时仍能生长，特别是霉菌，以致单独用酸时也难以抑制霉菌生长。在肉制品加工中应用的化学防腐剂有山梨酸和山梨酸钾，乳酸及乳酸钠，还有乙酸、甲酸、柠檬酸、磷酸盐等。许多试验证明，这些酸单独或配合使用，对延长肉类保存期均有一定效果。其中使用最多的是乙酸、山梨酸及钾盐、乳酸钠和磷酸盐。

1. 乙酸

1.5%的乙酸就有明显的抑菌效果。在 3%范围以内，乙酸的抑菌作用可减缓微生物的生长，避免霉斑引起肉色变黑变绿。当浓度超过 3%时，对肉有不良作用，这是由乙酸本身造成的。国外研究表明，用

0.6%乙酸加0.046%蚁酸混合液浸渍鲜肉10 s，不但细菌数大为减少，还能保持其风味，对色泽几乎无影响。采用3%乙酸+3%抗坏血酸处理时，由于抗坏血酸的护色作用，可保持较好的肉色。

2. 乳酸钠

乳酸钠是乳酸的右旋结构体钠盐，是肌肉组织中的正常天然成分。添加乳酸钠可降低产品的水分活性，从而阻止微生物的生长。目前，乳酸钠主要应用于禽肉的防腐。用于食品配料的乳酸钠含量为50%～60%，能溶于水和乙醇，不溶于醚，略带咸味，可减少氯化钠用量0.1%～0.2%。USDA认为乳酸钠是安全的，最大使用量为4%。

3. 山梨酸

山梨酸为无色针状结晶或白色结晶性粉末，无味或略有特殊气味，耐光耐热性好，难溶于水，易溶于乙醇、乙醚等有机溶剂。山梨酸钾为白色至浅黄色鳞片结晶、结晶性粉末或颗粒，无臭或微臭，易溶于水、5%食盐水、2.5%砂糖水及丙二醇、乙醇。

山梨酸及其钾盐属酸性防腐剂，对霉菌、酵母和好气性细菌有较强的抑菌作用，但对厌气菌与嗜酸乳杆菌几乎无效，其防腐效果随pH值的升高而降低，适宜在pH值6以下的范围使用。山梨酸1 g相当于山梨酸钾1.33 g。1%山梨酸钾水溶液pH值为7～8，有使食品pH值升高的趋势，使用时应注意。山梨酸钾在肉制品中的应用很广。它能与微生物酶系统中的硫基结合，破坏许多重要酶系，达到抑制微生物增殖和防腐的目的。山梨酸钾在鲜肉保鲜中可单独使用，也可和磷酸盐、乙酸结合使用。

4. 磷酸盐

磷酸盐作为品质改良剂发挥其防腐保鲜作用。磷酸盐可明显提高肉制品的保水力和黏着性，利用其螯合作用可延缓制品的氧化酸败，增强防腐剂的抗菌效果。

5. 苯甲酸及其钠盐

苯甲酸为白色有荧光的鳞片或针状结晶，稍有安息香或苯甲醛的气味，难溶于冷水，溶于沸水、乙醇、氯仿、乙醚以及非挥发性油和挥发油。

苯甲酸钠是苯甲酸的钠盐，为白色颗粒或结晶粉末，无臭，易溶于水和乙醇，在空气中稳定。苯甲酸及钠盐在酸性环境中对多种微生物有明显抑制作用，但对产酸菌作用较弱。1 g 苯甲酸相当于 1.18 g 苯甲酸钠的功效。

6. 抗氧化剂

肉制品内部及其周围都有氧气的存在，氧为氧化剂，在氧的作用下，能使含脂肪的肉品产生严重的哈喇味，引起肉品变质。脂质氧化是肉在储存期间发生酸败、肉质变差的主要原因，往往导致异味、色泽和质构变差、汁液损失增加、营养价值下降，甚至产生有毒物质。在肉品生产过程中，为了延缓或阻止氧化作用，常添加一些人工或天然的化学制品，称之为抗氧化剂。

我国目前使用最多的抗氧化剂有抗坏血酸（V_C）及钠盐、生育酚，用于纯脂肪或含脂肪较多食品的有丁基羟基茴香醚（BHT）、二丁基羟基甲苯（BHT）、没食子酸丙酯（PG）等。但这些抗氧化剂具有毒副作用，因此，天然抗氧化剂是今后的发展方向。

二、天然防腐剂

天然防腐剂一方面在卫生上有保证，另一方面符合消费者的需要。目前国内外在这方面的研究十分活跃，天然防腐剂是今后防腐剂发展的趋势。

1. 茶多酚

主要成分是儿茶素及其衍生物，它们具有抑制氧化变质的性能。可抗脂质氧化，抑菌，除臭味物质，以三条途径对肉品防腐保鲜。

2. 香辛料提取物

许多香辛料提取物，如大蒜中的蒜辣素和蒜氨酸，肉豆蔻所含的肉豆蔻挥发油，肉桂中的挥发油以及丁香中的丁香油等，均有良好的杀菌、抗菌作用。

3. 乳酸链球菌素（Nisin）

乳酸链球菌素为白色或稍带黄色的结晶粉末或颗粒，略带咸味，是由某些乳酸链球菌合成的一种多肽抗菌素，为窄谱抗菌剂。应用 Nisin 对肉类保鲜是一种新型的技术，使用时，先用 0.02 mol/L 盐酸溶解，再加到食品中，Nisin 只能抑制或杀死革兰氏阳性细菌，有效阻止肉毒梭菌的孢子的发芽，对革兰氏阴性菌，酵母和霉菌均无作用，因此若与山梨酸或辐射处理等配合使用，可使其抗菌谱增大。我国《食品添加剂使用卫生标准》（GB 2760—1996）规定，Nisin 用于肉制品的最大使用量为 0.5 g/kg。

4. α-生育酚、黄酮类物质等具有防腐和抗氧化性能的天然物质在肉类的防腐保鲜方面的研究方兴未艾，代表着今后的发展方向。

第 5 节　肉的低温储藏

在众多储藏方法中，低温储藏是应用最广泛、效果最好、最经济的方法。它不仅储藏时间长而且在冷加工中对肉的组织结构和性质破坏作用最小，被认为是目前肉类储藏的最佳方法之一。

低温可以抑制微生物的生命活动和酶的活性及各种反应，从而达到储藏保鲜的目的。由于能保持肉的颜色和状态，方法易行，冷藏量大，安全卫生，因而低温储藏原料肉的方法被广泛应用。

因采用的温度不同，肉的低温储藏可分为冷却储藏和冷冻储藏。

一、冷却储藏

冷却储藏是常用的肉和肉制品的保存方法之一。这种方法将肉品冷却到 0℃左右，并在此温度下进行短期储藏。由于冷却保存耗能少，投资较低，适宜于保存在短期内加工的肉类和不宜冻藏的肉制品。

1. 冷却目的

刚屠宰完的胴体，其温度一般在 38～41℃，这个温度范围正适合微生物生长繁殖和肉中酶的活性，对肉的保存很不利。肉的冷却目的就是在一定温度范围内使肉的温度迅速下降，使微生物在肉表面的生长繁殖减弱到最低程度，并在肉的表面形成一层皮膜，同时减弱酶的活性，延缓肉中的水分蒸发，延长肉的保存时间。肉的冷却是肉在冻结过程的准备阶段。在此阶段，胴体或肉逐渐成熟。

2. 冷却方法及影响因素

（1）冷却方法。目前，畜肉的冷却主要采用空气冷却，即通过各种类型的冷却设备，使室内温度保持在 0～4℃之间。冷却时，把经过冷凉的胴体沿吊轨推入冷却间，胴体间距保持 3～5 cm，以利于空气循环和较快散热，当胴体最厚部位中心温度达到 0～4℃时，冷却过程即可完成。冷却时间取决于冷却室温度、湿度和空气流速，以及胴体大小、肥度、数量、胴体初温和终温等。每次进肉前，冷却间温度预先降到－3～－2℃；进肉后经 14～24 h 的冷却，待肉的中心温度达到 0℃左右时，使冷却间温度保持在 0～1℃。在空气温度为 0℃左右的自然循环条件下所需冷却时间分别为：猪、牛胴体及副产品 24 小时，羊胴体 18 小时，家禽 12 小时。

（2）影响冷却速度的因素

1）冷却间温度。刚屠宰后的肉体，应尽快降低肉的温度，以阻止微生物的繁殖、延缓酶的活性。对牛、羊肉来说，为防止产生冷收缩，在 pH 值尚未降到 6 以下时，肉温不得低于 10℃；但这些对猪肉影响不大。如冷却室内的风速为 0.5～3.0 m/s，冷却后终止温度在 2～3℃，一般经 24～28 小时便可完成冷却。在冷却过程中，即使肉温达到－10～－6℃也不会冻结。因此，冷却间在开始进肉之前应将温度降到－3℃左右，这样在进肉结束之后，可以使库内不会突然升高，维持在 0℃左右进行冷却。

2）冷却间相对湿度。湿度不仅影响微生物的生长繁殖，而且是决定冷却肉干耗大小的主要因素。在整个冷却过程中，冷却初期冷却介质和肉之间的温差较大，冷却速度快，表面水分蒸发量在开始初期的 1/4 时间内，占总干耗量的 50%以上。冷却间的相对湿度大致可分为两个阶段：在第一阶段，即总时间的约 1/4 时间内，维持相对湿度 95%以上，不但可减少水分的蒸发，而且由于时间较短，微生物也不会大量繁殖；后期阶段，约占总时间的 3/4，相对湿度控制在 90%～95%为宜，临近结束时在 90%左右。这样既能保证肉表面形成干的保护膜，又不致产生严重的干耗。

3）空气流速。在冷却中常强制空气流动来增加冷却速度。但过强的空气流速会显著增加肉表面的干耗。因此，在冷却过程中空气的流速以不超过 2 m/s 为宜或每小时 10～15 个冷库容积。

3. 冷却肉的储藏及储藏期的变化

冷却肉的储藏系指经过冷却后的肉在 0℃左右的条件下进行的储藏。冷却肉冷藏的目的，一方面可以使肉完成成熟过程，另一方面达到短期保存。短期加工处理的肉类，不应冻结冷藏。因为冻结后再解冻的肉类，即使条件非常好，但其干耗、解冻后肉汁流失等也都比冷却肉大。

(1) 冷藏条件。肉在冷却状态下冷藏的时间取决于冷藏环境的温度和相对湿度。根据国际制冷学会第四届委员会推荐冷却肉的冷藏温度、相对湿度和储藏期见表5—3。

表5—3　冷却肉的冷藏温度、相对湿度和储藏期

品种	温度(℃)	相对湿度(%)	预计储藏期(天)
牛肉	−1.5～0	90	28～35
小牛肉	−1～0	90	7～21
羊肉	−1～0	85～90	7～14
猪肉	−1.5～0	85～90	7～14
腊肉	−3～1	80～90	30
腌猪肉	−1～0	80～90	120～180
食用副食品	−1～0	75～80	3
净膛鸡	0	85～90	7～11

肉在冷藏期间的温度和湿度应当保持均恒，空气流速以0.1～0.2 m/s为宜。

(2) 冷藏过程中肉的变化。低温冷藏的肉类、禽等，由于微生物的作用，使肉品的表面发黏、发霉、变软，并有颜色的变化和产生不良的气味。

1) 发黏和发霉。发黏和发霉是冷藏肉最常见的现象。在0℃，有氧条件时，微生物污染程度与肉表面形成黏液的时间密切相关。当最初肉表面污染的细菌数为100个/cm^2，16天达到发黏；当达到10^5个/cm^2时，只有7天就达到发黏。

高温会加快肉表面发黏。当温度在0℃时，约10天后才开始发黏。而当温度上升时，发黏的时间明显缩短。空气的相对湿度对发黏亦有很大影响。相对湿度从100%降低到80%，而温度保持在4℃时达到发黏的时间延长了1.5倍。

2) 肉色的变化。在较低的温湿度条件下，能很好地保持肌肉的鲜红色，持续时间也较长。当相对湿度为100%时，16℃条件下肌肉退色的时间不到2天；在0℃时可延长10天以上；如在4℃条件下，相对湿度为100%时，鲜红色可保持5天以上，若相对湿度为70%时可缩短到3天。空气的流动速度大，会促进肉表面的干耗，从而促进肉的氧化。为了提高冷藏效果，气调冷藏在肉类冷藏领域已被应用。除此之外，肉色有时还会变成绿色、黄色、青色等，都是由于细菌、霉菌的繁殖，使蛋白质分解所产生的特殊现象。

3）干耗。肉在冷藏中初期干耗量较大。时间延长，单位时间内的干耗量会相应减少。冷藏期超过 72 h，每天的质量损失约为 0.02%。另外，冷藏期的干耗与空气湿度有关，湿度增大，干耗减小。

（3）延长冷却肉储藏期的方法。延长冷却肉类储藏期的方法有应用CO_2、抗菌素、紫外线、放射线、臭氧及用气态氮代替空气介质等。目前实际应用的有气调保鲜、紫外线照射等方法。气调保鲜本章第二节已有介绍，这里主要介绍紫外线照射。

用紫外线照射冷却肉的条件是空气温度为 2～8℃，相对湿度为 85%～95%，循环空气速度为 2 m/min。用紫外线照射过的冷却肉，其储藏期能延长 1 倍。

紫外线照射的缺点是：只能照射肉表面，照射会使某些维生素（如维生素 B_6）失效；肉表面由于肌红蛋白（Mb）和血红蛋白（Hb）的变化和氧合肌红蛋白（MbO_2）转变成高铁肌红蛋白（Met－Mb）而发暗；由于形成臭氧，脂肪的氧化过程显著增强；胴体难以被均匀地照射；另外，紫外线对人的眼睛和皮肤有害。

二、冷冻储藏

由于冷却肉储藏温度在肉的冰点以上，微生物和酶的活动只受到部分抑制，因此冷藏期短。当肉在 0℃以下冷藏时，随着冻藏温度的降低，肌肉中冻结水的含量逐渐增加使细菌的活动受到抑制；当温度降到－10℃以下时，冻肉则相当于中等水分食品。大多数细菌在此条件下不能生长繁殖。当温度下降到－30℃时，几乎所有微生物和酶类的活动都受到抑制。所以冷冻储藏能有效地延长肉的保藏期，防止肉品质量下降，在肉类工业中得到广泛应用。将肉的温度降低到－18℃以下，肉中的绝大部分水分（80%以上）形成冰结晶。该过程称为肉的冻结。

1. 肉冻结前处理

冻结前的加工大致可分为三种方式：

（1）胴体劈半后直接包装、冻结。

（2）将胴体分割、去骨、包装，装箱后冻结。

（3）胴体分割、去骨然后装入冷冻盘冻结。

2. 冻结的方法

（1）冻结条件。冻结条件根据冻结间的装备而异。当冻结间设计温度为－30℃，空气流速 3～4 m/s 时，牛、羊肉尸冻结至中心温度为－18℃所需时间约为 48 h。

（2）冻结速度。一般在生产上冻结速度常用所需的时间来区分。如中等肥度猪半胴体由 0～4℃冻结至－18℃，需 24 h 以下为快速冻结，24～48 h为中速冻结，若超过 48 h 则为慢速冻结。

快速冻结和慢速冻结对肉质量都有不同的影响。慢速冻结时，体积增大 9%，结果使肌细胞遭到机械损伤。这样的冻结肉在解冻时可逆性小，引起大量的肉汁流失，因此，慢速冻结对肉质影响较大。快速冻结时温度迅速下降，形成的冰晶颗粒小而均匀，解冻时的可逆性大，汁液流失少，对肉质影响较小。

肉的冻结最佳时间，取决于屠宰后肉的生物化学变化。在尸僵前、尸僵中及解僵后分别冻结时，肉的品质和肉汁流失量不同。尸僵前冻结，由于肌肉的 ATP、糖原、磷酸肌酸、肌动蛋白含量多，乳酸、葡萄糖少，pH 值高，肌肉表面无离浆现象，肌原纤维结合紧密，肌微丝排列整齐，横纹清晰，这时快速冷冻，冰晶形成小且数量多，存在于细胞内，缓慢解冻时可逆性大，肉汁流失少。但急速解冻会造成大量汁液流失。

尸僵前冻结，短时间储藏后，解冻时肉缺乏坚实性风味，有待解冻后成熟时改善。尸僵中冻结，由于肉持水性低，易引起肉汁流失。解僵后冻结，由于持水性得到部分恢复，硬度降低，肉汁流失较少，在解冻后解体处理时比尸僵肉更容易分割。

3. 冻结工艺

冻结工艺分为一次冻结和二次冻结。

（1）一次冻结。宰后鲜肉不经冷却，直接送进冻结间冻结。冻结间温度为－25℃，风速为 1～2 m/s，冻结时间 16～18 h，当肉体深层温度达到－15℃，即完成冻结过程，出库送入冷藏间储藏。

（2）二次冻结。宰后鲜肉先送入冷却间，在 0～4℃温度下冷却 8～12 h，然后转入冻结间，在－25℃条件下进行冻结，一般 12～16 h 完成冻结过程。

一次冻结与二次冻结相比，加工时间可缩短约 40%，并可减少大量的搬运，提高冻结间的利用率，干耗损失少。但一次冻结对冷收缩敏感的牛、羊肉类，会产生冷收缩和解冻僵直的现象，故一些国家对牛、羊肉不采用一次冻结的方式。二次冻结肉质较好，不易产生冷收缩现象，解冻后肉的保水力好，汁液流失少，肉的嫩度好。

4. 冻结肉的冷藏

冻结肉冷藏间的空气温度通常保持在−18℃以下，在正常情况下温度变化幅度不得超过 1℃。在大批进货、出库过程中一昼夜不得超过 4℃。

冻结肉类的保藏期取决于保藏的温度、入库前的质量、种类、肥度等因素，其中主要取决于温度。因此，对冻结肉类应注意掌握安全储藏，执行先进先出的原则，并经常对产品进行检查。

5. 冻结及储藏对肉质量的影响

冻结中肉质的变化包括组织结构的变化和胶体性质的变化及其他变化。这些变化受冻结速度的影响，更受冻结后储藏时间的影响。在长时间储藏时，时间因素的影响则比冻结速度的影响更大。

(1) 组织结构的变化。造成组织结构变化的主要原因是由于冰结晶的机械破坏作用。在肉中形成的冰结晶要对组织产生一定的机械压力。引起组织结构的损伤和破坏。在解冻时会造成大量的肉汁流失。

(2) 胶体性质的变化。冻结会使肌肉蛋白质胶体性质破坏，从而降低肉的品质。蛋白质胶体性质破坏的原因是由于在冻结过程中蛋白质发生变性。

(3) 肉在冻结冷藏中的其他变化

1) 干缩。干缩的程度因空气的条件（温度、湿度、流速）、肉的等级和大小、包装状态而不同。当温度高、湿度低、空气流速快、冷藏时间长、脂肪含量少、形状小、无包装的情况下缩量显著增大。上述各种条件同时显著不利时，可使肉质变为海绵状体，导致肉质和脂肪严重氧化。这是因为在冻结冷藏时的干缩与冰的升华相似。在这个过程中，没有水分的移动。因此，冻结肉表层水分蒸发后就形成一层脱水的海绵状层。海绵状层下的冰晶继续升华，以水蒸气的状态透过表层，海绵状层即由此而不断加深。

而另一方面则进行着空气的扩散，使空气不断积累在逐渐加深的脱水海绵状层中，致使肉中形成一层具有高度活性的表层，在这里发生着强烈的氧化作用，并吸附各种气味。

降低肉的干缩损耗，不仅对质量有利，而且也有极大的经济意义。如以每年冷藏 5 000 吨冷冻肉计算，如冷藏时干缩损耗降低 0.5%，即可使25 t免予损失。

2）变色。冻肉的颜色在保藏过程中逐渐变暗，主要是由于血红素的氧化以及表面水分的蒸发而使色素物质浓度增加所致。冻结冷藏的温度越低，则颜色的变化越小。在温度为－80～－50℃时，变色几乎不再发生。

3）汁液流失。冻结冷藏肉解冻时，内部的冰结晶融化成水，但此时的水不能完全被组织所吸收，因而流出于组织之外称为汁液流失。汁液流失的多少可作为确定冻结肉品质好坏的指标之一。一般称汁液流失，是指解冻时和解冻后自然流出的汁液，称之为自由流失。在自由流失之外，再加以98～1 862 kPa的压力所流出来的汁液称之为可榨出流失。两者总称汁液流失。

汁液流失的总量以及自由流失和可榨出流失之间的比例，与冻结前的处理、原料的种类和形态、冻结的湿度、冻结速度、冻结冷藏的时间及期间的温度、管理、解冻方法等有关。

原料新鲜（除去随着解冻而发生僵直的情况），冻结速度快，冻结冷藏温度低且稳定，冻结冷藏时间短者，一般流失汁液少。冻结以后马上解冻，则几乎不发生汁液流失。汁液流失随着在冻结状态时间的增长而增加，但到一定的最大值后则不再增加。

4）脂肪的变化。在低温下，虽然氧分子的活化能力已大大消弱，但仍然存在。因此，脂肪也被氧化，特别是含不饱和脂肪酸较多的脂肪。在各种肉类中，以畜肉脂肪最稳定，禽肉脂肪次之，鱼肉脂肪最差。猪肥膘在－8℃下储藏6个月以后，脂肪变黄且有油腻气味；经过12个月，这些变化扩散到深25～40 mm处；但在－18℃下储藏12个月后，肥膘中未发现任何不良现象。

5）微生物和酶。在很低的冷藏温度下，微生物不易生长和繁殖。但如果冻结肉在冷藏前已被细菌或霉菌污染，或者在冷藏条件不好的情况下冷藏时，冻结肉的表面也会出现细菌和霉菌的菌落，特别是溶化的地方易发现。

6. 冻结肉的解冻

解冻是冻肉消费或进一步加工前的必要步骤，是将冻肉内冰晶体状态的水分转化为液体，同时恢复冻肉原有状态和特性的工艺过程。解冻实际上是冻结的逆过程。解冻肉的质量与解冻速度和解冻温度有关。缓慢解冻和快速解冻有很大差别。肉的保藏时间越长，解冻温度越高，肉汁的损失也越大。

解冻的方法很多，但常用的有以下几种：

（1）空气解冻法。将冻肉移放到解冻间，靠空气介质与冻肉进行热交换解冻的方法。一般把在 0～5℃空气中解冻称为缓慢解冻，在 15～20℃空气中解冻称为快速解冻。

（2）液体解冻法。液体解冻法主要用水浸泡或喷淋的方法。其优点是解冻速度较空气解冻快。缺点是耗水量大，同时还会使部分蛋白质和浸出物损失，肉色淡白，香气减弱。水温在 10℃时，解冻需 20 h；水温在 20℃时，解冻需 10～11 h。解冻后的肉，因表面湿润，需放在空气温度 1℃左右的条件下晾干。如果封装在聚乙烯袋中再放在水中解冻，可以保证较好地质量。在盐水中解冻，盐会渗入肉的浅层，腌制肉的解冻可以采用这种方法。猪肉在温度为 6℃的盐水中解冻需 10 h，肉汁损失仅为 0.9%。

（3）蒸汽解冻法。蒸汽解冻法的优点是解冻速度快，肉汁损失比空气解冻大得多，但重量由于水汽的冷凝会增加 0.5%～4.0%。

（4）微波解冻法。微波解冻可使解冻时间大大缩短，同时能够减少肉汁损失，改善卫生条件，提高产品质量。此法适于半片胴体或 1/4 胴体的解冻。具有等边几何形状的肉块利用这种方法解冻效果更好，因为在微波电磁场中，整个肉块都会同时受热升温。微波解冻可以带包装进行，但是包装材料应符合相应的电容性和对高温作用有足够的稳定性。最好用聚乙烯或多聚苯乙烯，不能使用金属薄板。

第六章

肉的卫生管理基础知识

第1节　肉的微生物污染

一、鲜肉中的细菌

在卫生条件下屠宰健康家畜，其肌肉通常是无菌的，但检查鲜肉时，偶尔也会检出细菌。牲畜除了毛发、胃肠道和呼吸道外，一般活的牲畜组织中并没有微生物的存在，那么肉品中的微生物是从哪里来的呢？牲畜的白血球和抗体是在活体中产生，用来抵抗或控制感染的有效物质，但它们只在活体中起作用，随着屠宰时血液的排除，其内在防御机能将散失，环境中的各种微生物伺机在肉品中生长和繁殖，在屠宰、加工、储存、运输过程中，如果不采取措施加以控制，将会引起肉品腐败变质。肉品中微生物的来源大致有如下几个方面：

1. 屠宰时侵入。如放血、剥皮所用的刀有污染，细菌可经由大静脉管而侵入胴体深处，已脏的烫猪水和凉水池污水等也会沿刺刀口侵入创口附近组织。

2. 不合理的屠宰方法。如屠宰牛、羊时用的是割断颈动脉、颈静脉、气管及食道的方法，常使胃容物上逆而污染胴体。

3. 屠宰场地空气、设备、工具及人手污染。如开腔时划破胃肠，去头、尾、蹄及挖肛门时，人手和工具的污染，整修时用脏水冲淋，用不洁净的布揩拭以及鼠类、蝇类的叮咬与病菌传播等。

4. 生前发高烧、过度疲劳、受热、受内伤及濒死期的家畜，身体抵抗力很弱，可使平时生活于其消化道内的细菌乘机侵入腺组织内。

5. 家畜生前患有疾病，如沙门氏杆菌病、败血症、多发性脓肿、关节炎等。

发生上述情况是次要的，肌肉中常见的细菌主要是腐败菌，它们是随着宰后肉尸的冷却、储存、保管、运输，从各个方面污染而落于肉中。这些菌类有：

(1) 球菌。凝聚性细球菌、嗜冷细球菌、黄细球菌、变异细球菌、淡黄细球菌、金黄八联球菌、金黄色葡萄球菌、粪链球菌。

(2) 杆菌。大肠杆菌、变形杆菌、绿脓假单胞杆菌、腐败假单胞菌、阴沟产气杆菌。

(3) 需氧芽孢杆菌。枯草杆菌、蜡状芽孢杆菌、巨大芽孢杆菌、小芽孢杆菌。

(4) 厌氧芽孢杆菌。产芽孢梭状芽孢杆菌、魏氏梭状芽孢杆菌、溶组织梭状芽孢杆菌、腐气梭状芽孢杆菌、双酶梭状芽孢杆菌。

(5) 霉菌。青霉、毛霉、曲霉、分枝孢霉、交键霉、枝孢霉菌。

污染胴体的细菌，首先寄生于胴体表面，如遇适合的温度、湿度，细菌就开始繁殖。首先出现的是各种球菌，随后繁殖的是革兰氏阴性杆菌。此时肉表面起变化，如发黏、变色、局部有异味等。但此时肌肉深处仍无细菌，3～4 天后，出现兼性厌氧菌。细菌沿着结缔组织间隙、血管周围疏松组织及骨膜向深部扩散，腐败菌到达骨膜之后即迅速繁殖。以后，由于细菌继续扩散，使肉全部腐败，肌纤维变性崩解。

肉在冷却保藏中，细菌的变化根据肉最初的污染程度而定，最初存在于肉的细菌数量越少越好，细菌数量多则腐败作用的发生就快。肉表面所结的干膜可以阻止细菌在表面生长和繁殖，且能阻挡细菌侵入内部。因此，屠宰后的胴体应尽快冷却，促进其表面形成干膜。

肉中可能存在某些病原菌，其来源主要来自病畜，或宰后与病畜血、肉、内脏接触而被污染。在卫生学上应注意的有炭疽杆菌、沙门氏杆菌、金黄色葡萄球菌、志贺氏杆菌。

二、污染肉制品的途径和防治措施

1. 通过水污染

肉品加工厂所用的水是按国家水质卫生标准要求的自来水，但自来水也不是无菌的，每毫升水中允许含有100个细菌，如果自来水水质被污染，含菌量会更高。在肉制品加工中，不论是原料肉的洗涤加工、冷却、加工设备的清洗，以及墙壁地面的保洁，都需要大量的水，因此，水中含有细菌的种类和数量与肉品的污染有密切的关系。

2. 通过空气污染

空气中的细菌主要来自地面，几乎所有土壤表层存在的细菌都可能在空气中发现，特别是耐干燥的革兰氏阳性菌最常见。不同的气流及灰尘的飞扬能增加空气中的含菌量，含尘埃越多，其含菌量也越多。

3. 通过土壤污染

土壤中含有大量细菌，每克表层泥土含有10^7～10^9个细菌，主要是腐生性球菌、杆菌、需氧性芽孢杆菌和厌氧性芽孢杆菌。病原菌也可随着病人和患畜的排泄物、尸体通过废物污水使土壤污染。同时，土壤内本身就存在着能够长期生活的厌氧病原菌，如肉毒杆菌、破伤风梭菌、气肿疽梭菌等。如果肉类在加工过程中不慎落地，就会被污染。

4. 通过人及动物污染

肉制品加工人员，如果不养成良好的卫生习惯，工作衣帽不洁，就会污染肉品，特别是操作人员的手不干净，造成的污染会更常见。同时，肉制品的生产场所，正是鼠、蝇、蚊、蟑螂等小动物活动的地方，这些小动物的体表和消化道内均带有大量的细菌，它们是细菌的传播者。

5. 通过用具和杂物污染

肉制品经过煮制后，本来含菌量不多或无菌，但由于分装，包装，环境不洁，工具用具未经消毒，包装用品污染有细菌，这样的成品一旦包装完毕，即已成为不符合食品卫生质量指标的制品，特别是运送生肉的车辆和容器未经彻底清洗和消毒再接触熟制成品，污染就更加严重。所以，熟肉制品行业规定，生熟肉制品必须严格分开。

6. 调味品及添加剂污染

在肉制品加工中，必须加入各种调味料或添加剂，这些物质都污染有一定数量的细菌。添加剂、香料等每克可含细菌一万至几十万个。因此，加入这些成分时，应考虑杀菌问题，才能保证制品的卫生质量。

由以上情况说明，肉品的污染来源是复杂的，涉及面很广。由于肉用家畜来自千家万户，在收购、运送和屠宰过程中，均各自带有从天然来源中污染的细菌。一般情况下，肉尸一经与人接触，就开始污染，并在以后的加工处理过程中可能继续被污染。因此，从事肉品加工的人员必须按清洁卫生的标准来处理工具及容器，降低各生产环节的污染。此外，还要注意以下各个方面：

(1) 加工厂设置的地点；

(2) 内外环境与布局；

(3) 空气的流通量；

(4) 车间的结构；

(5) 温度及湿度的控制；

(6) 防蝇、防鼠及防尘设施；

(7) 工具、容器及车辆的专用和清洁消毒；

(8) 工艺程序的合理流水作业；

(9) 避免原料、半成品和成品的交叉；

(10) 操作人员的个人卫生和定期健康检查；

(11) 生产卫生和消毒制度的认真执行。

只有各个方面都注意到了，才能较彻底地解决细菌污染问题。

第 2 节 GMP 与 SSOP 基础知识

一、基本概念

1. GMP

GMP 是良好操作规范（good manufacturing practice）的英文简称，它是政府对有关食品生产、加工、包装储存、运输和销售等方面的强制性卫生要求。目前，采用 GMP 管理体系的行业主要有食品工业、制药业及医疗器材业。食品 GMP 所规定的内容是食品生产加工企业必须达到的基本要求。

一般情况下，GMP 以法规、推荐性法案、条例和准则等形式公布，具有强制性，其内容包括以下几个方面：

（1）加工环境、厂房设施与结构。

（2）卫生设施。

（3）加工用水。

（4）设备与工器具。

（5）人员卫生。

（6）原材料管理。

（7）生产管理（加工、包装、消毒、标签、储藏、运输等）。

（8）成品管理与实验室检测。

（9）卫生和食品安全控制等。

GMP 是一种包括 4M 管理要素的质量保证制度，即选用符合规定要求的原料（materials），以合乎标准的厂房设备（machines），由胜任的人员（man），按照既定的方法（methods），加工出质量既稳定而又安全卫生的产品的一种质量保证制度。因此，食品 GMP 是一种特别注重产品在整个加工过程中的品质与卫生的保证制度，其基本精神，一是降低食品加工过程中人为的错误，二是防止食品在加工过程中遭受污染或品质劣变，三是要求建立完善的质量管理体系。

许多国家（包括我国）均对食品企业实施 GMP 管理。在国外，也有一些行业协会或认证机构制定一些非强制性的食品 GMP，并实施 GMP 认证。

在 HACCP 体系（详见本章第 3 节）中所讲到的 GMP，一般是指规范食品加工企业环境、硬件设施加工操作、储存和卫生质量管理等的法规性文件。

我国政府为了保护人类的身体健康，维护我国及世界各国食品消费者的合法权益，近年来连续颁布了一些与食品安全卫生有关的法律、法规。其中包括《中华人民共和国食品卫生法》《中华人民共和国进出口商品检验法》《中华人民共和国进出境动植物检疫法》《中华人民共和国国境卫生检疫法》等法律，以及《中华人民共和国进出口商品检验法实施条例》《中华人民共和国进出境动植物检疫法实施条例》《中华人民共和国国境卫生检疫站法实施细则》等法规。

2. SSOP

卫生标准操作程序（sanitation standard operation procedures，简称SSOP），是食品加工企业为了保证达到GMP所规定的要求，确保加工过程中消除不良的因素，使其所加工的食品符合卫生要求而制定的，指导食品生产加工过程中如何实施清洗、消毒和卫生保持的作业指导文件。SSOP是食品生产和加工企业建立和实施HACCP计划的重要的前提条件。

（1）SSOP的一般要求

1）加工企业必须建立和实施SSOP，以强调加工前、加工中和加工后的卫生状况和卫生行为。

2）SSOP应该描述加工者如何保证某个关键的卫生条件和操作得到满足。

3）SSOP应该描述加工企业的操作如何受到监控，以保证达到GMP规定的条件和要求。

4）每个加工企业必须保持SSOP记录，至少应记录与加工厂相关的、关键的卫生条件和操作受到监控和纠偏的结果。

5）官方执法部门或第三方认证机构应鼓励和督促企业建立书面的SSOP计划。

卫生标准操作程序（SSOP）应至少包含8个关键方面的内容：

①加工用水和冰的安全性。

②食品接触面的状况与清洁。

③预防交叉污染。

④手的清洁与消毒，洗手间设施的维护与卫生保持。

⑤防止食品被外来掺杂物污染。

⑥有毒化学物的标记、储存和使用。

⑦员工的健康与卫生控制。

⑧虫害与鼠害的防治。

（2）卫生标准操作程序（SSOP）的制定

食品加工企业应按照以上推荐的8个重要方面（可以视情况增加内容），结合本企业的实际情况制定具体的SSOP。

SSOP文件可以由三个方面组成，即8个（或更多）方面的要求和程序；每一个环节的作业指导书；执行、检查和纠正记录。

1）要求和程序

①明确每一个方面应达到什么样的要求或目标。

②为了达到目标，需要什么样的硬件设施和物资。

③由哪些部门和人员负责实施、检查、纠正、记录，如何分工。

④何时去做。

⑤如何去做（引用作业指导书名称或文件编号）。

2）作业指导书。作业指导书是针对某一件具体事情而编写的文件，如水塔如何清洗、消毒，刀具如何清洗、消毒，肉糜斩拌机如何清洗、消毒，牛奶泵和输送管道如何清洗、消毒，消毒剂如何配制和检测浓度等。

作业指导书中应写明每一件事情应达到的目标，需要哪些物资，由谁来完成，具体的实施步骤，多长时间做一次，如何检查其效果，如何纠正，如何记录等。要使每一岗位上的每一位员工看到作业指导书后，就知道自己应该干什么，何时干，如何干，干到何种程度，即达到什么要求。

3）记录。SSOP 中必须包括预先设计好的各种记录表格，包括执行记录表、监控和检查记录表、纠正记录表、员工培训记录表等。

记录格式的设计必须符合操作实际，具有可操作性；记录栏目的内容必须反映出所做事情的客观实际。有具体数据的地方，应记录具体数据。记录表中应有执行人员和检查人员签名、填写时间的地方。

二、GMP 与 SSOP 的关系

GMP 规定了在食品生产、加工、储存、运输等方面的基本要求，是政府食品卫生主管部门以法规形式发布的强制性要求。食品企业必须达到 GMP 规定的卫生要求，否则加工的食品不得在市场上销售。

SSOP 则是企业为了达到 GMP 所规定的卫生要求而制定的、企业内部的卫生控制文件，它是非强制性的。

GMP 的规定是原则性的，包括硬件和软件两个方面，是相关食品加工企业必须达到的基本条件，SSOP 的规定是具体的，负责指导卫生操作和卫生管理的具体措施。制定 SSOP 的依据是 GMP，GMP 是 SSOP 的法律基础。

第3节　HACCP管理体系基础知识

一、HACCP的概念

HACCP（hazard analysis and critical control point）意为危害分析和关键控制点，是保证食品安全和产品质量的一种预防控制体系，是一种先进的卫生管理方法。HACCP体系是20世纪60年代美国太空总署、陆军NATICK实验室和美国PILLSBURY公司共同发展起来的一套科学的卫生质量监控系统。经过30多年的发展和完善，HACCP系统已被食品界公认为确保食品安全的较佳管理方案。

二、HACCP的重要性

1. 把食品生产最终产品的检验（即检验是否有不合格产品）转化为控制生产环节中潜在的危害（即预防不合格产品）。

2. 用最少的资源，做最有效的事情。食品生产者利用HACCP控制产品的安全性比传统的最终产品检验法更可靠。

三、HACCP的构成

HACCP体系是将食品质量的管理贯穿于食品从原料到成品的整个生产过程当中，侧重于预防性监控，不依赖于对最终产品进行检验，打破了传统检验结果滞后的缺点，从而使危害消除或降低到最低程度。HACCP由以下七部分构成：

1. 进行危害分析

危害分析是HACCP体系的基础。为了建立一个有效的预防食品安全危害的计划，关键是找出食品原料和加工过程中存在的显著危害，并制定出相应的控制措施。

HACCP原则上只针对食品安全危害。在危害分析期间，应根据各种危害发生的可能性和严重性来确定某种危害的潜在性和显著性。

通常根据工作经验、流行病学数据、客户投诉及技术资料的信息来评估危害发生的可能性，用政府部门、权威研究机构向社会公布的风险分析资料、信息来判定危害的严重性。

2. 确定关键控制点

在危害分析中确定的每一个显著危害，均必须有一个或多个关键控制点来对其进行控制。关键控制点是具有相应的控制措施，使食品安全危害被预防、消除或降低到可接受水平的一个点、步骤或过程。一个关键控制点可以用于控制一种以上的危害。例如，冷冻储藏可以同时控制病原体的生长繁殖和组胺的产生。同样，几个关键控制点可以用来共同控制一种危害。

完全消除和预防显著危害也许是不太可能的，因此，在加工过程中将危害尽可能地减少是 HACCP 唯一可行并且合理的目标。所以说，HACCP 体系不是零风险的体系。

进行危害分析时能清楚地知道，危害是从哪里被引入、形成或增加的，哪里可以防止危害的发生，一般认为控制危害效果最好的地方应该是危害介入的那个点。但事实并非总是如此，也可能是离危害介入点较远的一个点。

经过对每道工序进行详细的危害分析之后，剖析哪些因素一旦失去有效控制，就会对产品安全、卫生及品质产生危害以及危害的程度，从而确定关键控制点。一般来说，HACCP 计划中的关键控制点不超过六个。

3. 建立关键限值

关键控制点确定后，必须为每一个关键控制点建立关键限值。关键限值是在关键控制点上用于控制危害的生物的、化学的或物理的参数，是一个或一组最大值或最小值。这些值能够保证把发现的食品安全危害预防、消除或降低到可接受的水平。

每个 CCP（关键控制点）上至少有一个具体的控制指标或限值，如原料肉的微生物总数、加热温度、时间、冷却温度和速度、感官品质、产品货架期等，并具有相关的预防控制措施，当加工操作偏离关键限值时，应采取纠正措施以保证食品安全，防止、消除危害，或使危害减少到可接受的水平。

4. 关键控制点的监控

监控是指实施一个有计划的观察和测量程序，以评估一个 CCP 是否受控，并且为将来验证时使用做出准确的记录。为确保加工始终符合关键限值，对 CCP 实行监控是必须的。要实施对 CCP 监控，就必须事先建立 CCP 的监控程序。每个监控程序必须包括 3W1H，即监控什么（what）、何时监控（when）、谁来监控（who）、怎样监控（how）。为此，要采用可靠的仪器和检测技术，对各个关键控制点上的标准进行及时而有效地检测，以便跟踪加工过程操作，查明和注意可能偏离关键限值的趋势并及时采取措施进行调整。

5. 纠正措施

纠正措施：当发生偏离或不符合关键限值时而采取的步骤。

纠正措施是当监控结果显示关键限值已有偏离时才实施的措施，因此，有效的纠正措施在很大程度上依赖于完善的监控程序。

6. 建立记录保持程序

建立有效的记录保持程序是 HACCP 体系的重要组成部分。记录可以使关键限值得到满足或者当关键限值发生偏离时采取了相应的纠正措施的书面证据。同样，由于记录也提供了一种监控手段，由此引起的加工调整可以预防失控的发生。

HACCP 体系必须保存的四种记录为 HACCP 计划和用于制订计划的支持性文件、关键控制点的监控记录、纠正措施记录、验证活动记录。

7. 建立验证程序

验证是用监控以外的方法来评价 HACCP 计划和体系的适宜性、有效性和符合性。

最复杂的 HACCP 要素之一就是验证。验证程序的正确制定和执行是 HACCP 计划成功实施的基础。“验证才足以置信”，这是验证原理的核心。

HACCP 计划的宗旨是防止食品安全危害的发生，验证的目的是提供置信水平，也即验证要说明两方面的问题，一是证明 HACCP 计划是建立在严谨、科学的基础上的，它足以控制产品本身和工艺过程中出现安全危害；二是证明 HACCP 计划所规定的控制措施能被有效实施，整个 HACCP 体系在按规定有效运转。

规范地实施 HACCP 管理系统，必须进行全员培训，充分认识实施 HACCP 管理系统的重要性；检测仪器和设备齐全，且运行状况良好。同时，工厂必须严格地执行良好生产操作规范和卫生标准操作规范，才能保证 HACCP 计划有效实施。

四、HACCP 与肉制品质量管理

肉制品生产首先应该遵照《食品卫生法》《计量法》《标准化法》等国家法律和法规。并依据相应的法律和法规指导生产，产品质量必须满足国家强制性标准，当然，也要满足行业标准和企业标准。

为了生产高质量的产品，力求产品质量稳定，有条件的企业应尽量实行 HACCP 管理，若暂时实行不了的，也应有一套切实可行的质量管理制度，做到从原辅料、生产、销售的每一个环节都实现严格的控制，才能生产出品质优良的产品。

1. 原辅料管理

原料管理主要是检查原料肉的新鲜度、pH 值、保水性等指标。通过以上指标分析评价后，确定原料肉是否能作为肉制品的原料肉。辅料的管理主要是对辅料进行检测，根据不同的辅料种类，应检查不同的项目，其侧重点不同。如大豆分离蛋白主要在蛋白质含量方面，卡拉胶则在胶凝性方面，对于大部分辅料的微生物和水分指标应进行检测。要做到每批次进货都有检查记录，不合格的辅料不能用于生产。

原辅料的管理是整个质量管理的基础，十分重要。应该由专门人员负责，要把好原辅料的进货关。

2. 工艺管理

对于每个产品都有特定的工艺流程以及相应的工艺条件，为了加强质量管理，必须严格按工艺要求生产。因此，必须制定各工序的操作要点和相关的记录表格，要求各工序的负责人认真填写。

3. 设备管理

对于生产车间建筑物、机械设备、制冷、给排水、通风、污水处理设施等，以及与生产有关的所有设施，都应实行管理。保证车间所需温度；在设备出现故障时能及时排除；保证生产用水、用汽等。这也是确保产品质量的基础。

4. 产品管理

对最终产品的感官指标、微生物指标、理化指标进行检验，确定产品是否为合格产品，是否达到企业、行业和国家标准，合格的产品才能生产。

5. 流通管理

对于从工厂的成品库到零售商店期间，产品的储藏和运输要实行严格的管理，必须按有关规定和产品需求进行。确保产品在流通过程中有适宜的温度、湿度，在保质期内产品质量符合标准。

第七章 安全生产知识

第1节 屠宰安全操作知识

生产人员及与生产有关的管理人员至少每年进行一次健康检查，新参加工作和临时参加工作的人员，必须经过健康检查取得健康合格证后方可上岗，并建立职工健康档案。凡患有下述疾病之一者，不得从事屠宰和接触肉品的工作：痢疾、伤寒、病毒性肝炎及消化道传染病（包括病源携带者）、活动性肺结核、化脓性或渗出性皮肤病及其他有碍食品卫生的疾病。

一、受伤处理

凡受刀伤或其他外伤的生产人员，应立即妥善包扎防护，否则不得从事屠宰和接触肉品的工作。

二、洗手要求

生产人员遇到下列情况之一，必须洗手消毒：开始工作之前；上厕所之后；处理被污染的原料或病猪及其内脏之后；从事与生产无关的其他活动之后。

三、个人卫生

1. 生产人员应保持良好的个人卫生，勤洗澡、勤换衣、勤理发，不得留长指甲和涂抹指甲油。

2. 进车间必须穿工作服、工作鞋、戴工作帽，头发不得外露，不能留胡须。麻电操作人员应穿合适的绝缘靴、戴绝缘手套。

3. 生产工作人员不得在工作岗位或工作区域从事可能影响产品质量的活动，如吃东西、喝饮料及吸烟等。

4. 生产人员不得穿戴工作服、工作帽到非生产场所和厕所。

第 2 节　安全用电知识

一、安全用电基本常识

1. 触电事故

触电事故有电击和电伤两类。电击事故是由于人体直接接触带电体或因绝缘损坏而产生漏电的设备，导致电流通过人体而造成伤害。触电后轻则肌肉抽筋、感觉发麻，严重者导致死亡。电伤事故是由于电流通过人体外表面或者人体与带电体之间产生电弧而造成的身体外表的创伤。由于电弧温度非常高，会使皮肤表面灼伤或烧伤，严重者也会导致死亡。

2. 电流通过人体的生理效应

触电事故主要是电流通过人体而引起的。触电损伤的基本因素是：通过人体电流的大小、频率、作用时间、途径和触电者健康状况等。通过人体的电流大小取决于人体的电阻和施加于人体的电压大小。在干燥条件下，人体电阻可达 10 kΩ 以上；在潮湿的条件下，仅为数百欧姆。一般情况下，20～300 Hz 的交流电对人体的危害最大，高频电流对细胞机能破坏较弱，触电的危险性反而减小。电流通过人体的神经中枢时的危险性较大，通过心脏时的危险性最大。总之，电压越高、电流越大、触电时间越长越危险。

3. 安全电压

安全电压是指施加于人体上一定时间不会造成伤害的电压。通常36 V以下的电压不会造成人身伤亡。工程上规定，安全电压直流为48 V、24 V、12 V和6 V；交流为36 V和12 V。安全电压是制定安全措施的基本依据，在潮湿、高温和有导电尘埃的环境中，要使用12 V电压。

4. 触电方式

（1）接触触电。接触触电分为单相触电和两相触电。单相触电是人体直接接触带电设备的一相电线，电流经过人体流入大地的触电现象，相电压几乎全部加在人体上是很危险的；中性点不接地的系统，若绝缘不良时也是很危险的。两相触电是人体同时直接接触带电设备的两相电线，电流经过人体流入大地的触电现象；在高压系统中，人体同时接近两相导体，会发生电弧放电的触电现象。两相触电作用于人体的是线电压，这种触电方式的危险性最大。

（2）接触电压触电。当电气设备发生短路时，人体与带电设备外壳相接触，手与脚之间承受电压，此种触电方式称为接触电压触电。接触电压的大小与人体站立的位置有关，距离接地故障点越远，电压值越大。人站在距接地体20 m之外与带电设备外壳接触，接触电压达到最大值。在家庭和工业中发生的触电事故主要是接触电压触电事故。

（3）跨步电压触电。跨步电压触电是指架空线路的一根带电导线断落在地上，接地电流就会从落地点流入大地，并向四周分散，在落地点周围的地面上形成分布电位，如果人在周围或由此经过，其两脚之间就存在电位差，称为跨步电压，由跨步电压引起的触电叫做跨步电压触电。发觉跨步电压时，应迅速将双脚并在一起或用一条腿跳出危险区。

二、安全用电规定

屠宰生产车间安全用电的一般规定如下：

1. 由于屠宰生产车间需经常用水冲洗，必须对电气设备进行漏电、绝缘老化和零部件完好的检查，及时消除隐患。

2. 操作人员要随时注意电气设备的运转情况，注意温度、气味、声响和表面状态，发现异常情况要立刻停电，请专业人员检修。

3. 必须按照规范要求调整自动保护装置的额定值，不允许随意调整；必须按照规范要求选择熔断器，不允许用铜线等非熔丝代替专用熔丝。

4. 停电检修时，在开关上必须悬挂专用的警告牌，必要时要有专人看管，以免他人误操作造成事故。

5. 各种电气设备必须按规范进行保护接地或保护接零处理。电气设备的外露可导电部分，必须通过保护导体与接地极相连接，严禁将可燃气体管道当做保护导体。

6. 设备故障情况下，必须有自动切断供电、电气隔离等电击防护措施。

7. 易燃易爆气体的房间，必须安装防爆电器；在潮湿的地方，必须按规范选择安全电压，并进行防潮处理。

三、安全防护措施的使用

电气设备经过长期使用后，设备内部的绝缘有可能出现老化现象，如果不及时修复和更换，会使机壳带电，出现触电事故。为了杜绝触电事故的发生，在正常情况下，必须把电力系统的某一点接地，称为工作接地，工作接地电阻一般小于 4 Ω。

1. 保护的基本措施

(1) 保护接地。保护接地就是将电气设备的金属外壳与大地可靠地连接，以保护人身安全。它使用于 1 000 V 以下中性点不接地的电网和 1 000 V以上任何形式的电网。当电路中某一相与机壳接触时，由于有保护接地装置，相当于人与接地电阻并联，而且接地电阻远小于人体电阻，电流绝大部分由接地线旁路流入地下，保证了人身安全。在 1 000 V 以下的中性点直接接地系统中，电气设备不管接地还是不接地，都很危险，故这种场合不采取接地作为保护措施。

(2) 保护接零。保护接零是在 1 000 V 以下中性点接地的三相四线制系统中，将电气设备的外壳与系统的零线相接。保护接零后，电气设备的一相因绝缘损坏而碰壳时，电流通过零线构成回路，由于零线阻抗很小，导致短路电流很大，使短路保护装置动作，迅速切断电源，消除触电危险。采用保护接零的系统，接零导线必须牢固，不能断线。

在采用保护接零的情况下，除了变压器的中性点直接接地外，还要使零线上的若干处再接地，即重复接地，原因是降低漏电设备外壳的对地电压和减少零线断路时的触电危险。

另外，要特别注意同一系统中接地和接零不能混用。即同一电源上电气设备不能一部分接零，另一部分接地，原因是当接地的电气设备绝缘损坏而碰壳时，会出现因大地电阻较大使保护装置不能动作的现象，导致电源中性点电位升高，使所有接零设备均带电，反而增加了触电的危险。

（3）使用漏电保安器。漏电保安器是一种防止漏电的自动保护装置。当设备漏电时，漏电保安器会自动切断电源，达到保护的目的。漏电保安器分为电压型和电流型两类。安装使用时必须注意其保护动作值和正确的接线方法。

2. 电气设备的保护

（1）电气设备的防火与防爆。电气设备失火大多是由于电气线路和设备的故障以及不正确使用而引起的。为了保证电气设备安全，必须做到：定期检查电气设备的绝缘，禁止带故障运行；防止电气设备过载运行，并采用有效的过载保护措施；设备周围不能放置易燃物品，以保证良好的通风。

在有爆炸危险的场所，必须使用良好的防爆电气设备。

（2）静电防护。防止静电火灾的基本措施是消除静电和限制放电。为了防止产生放电火花，要把金属管道和容器可靠接地。若使用绝缘管道，应在管道内部或外部缠绕金属导线，使管道两端的设备等电位。

（3）防雷保护。雷电的形成是由于雷云中的电荷积累，当电场强度足够大时，空气绝缘被破坏，在正、负雷云间或雷云与地面间发生强烈的放电现象。雷电产生的电压非常高，会对电力系统、设备和人身安全产生危害。避雷针是防止雷电的有效措施，作用原理是将雷电引到自身，进而导入大地，保护建筑、设备和人身的安全。避雷针的安装要高于被保护物并与大地可靠相连。

四、触电的现场救护

触电者的生命能否得救，在事故现场主要决定于能否尽快脱离电源和正确的紧急处理，如实施人工呼吸等。因此，各类人员均应掌握基本的触电救护方法。当有人触电时，首先应采取正确的方法迅速切断电源，如不能立刻断开电源时，则用绝缘体使带电体与人体脱离，禁止用金属或潮湿的物体作为分离带电体的工具。触电者脱离电源后，应立即进行呼吸和心跳的检查，若触电者已失去知觉，但呼吸尚存，应将触电者放到通风的地方，静卧休息。伤员昏迷且脉搏、呼吸、心跳全无，则必须马上对触电者实施人工呼吸和心脏按摩进行急救，若发生电灼伤（包括电弧烧伤和接触烧伤），则应仿照火焰烧伤的处理方法，创伤表面要尽快用干净纱布敷盖，减少污染，不要乱涂药物。在事故现场进行必需的处理后，应立刻送触电者到医院进行救治。

第 3 节　防火防爆知识

一、燃料、燃烧与爆炸的基本知识

1. 燃料

燃料一般分为固体燃料、液体燃料和气体燃料。气体燃料发热量高、点火方便、易制、燃烧后无灰渣、对环境污染小，因此在大中城市广泛使用气体燃料；少数地方使用液体燃料，多数为轻柴油、煤油；而以煤为代表的固体燃料燃烧可控性差，污染严重，已很少使用。本节仅介绍气体燃料。

气体燃料又称为燃气，可分为天然气、人造煤气和液化石油气等。

（1）天然气。天然气产生于石油、煤矿或沼泽地带，是埋藏在地下的古代生物经高温、高压等作用形成的可燃性气体。天然气中以甲烷含量最多，还含有硫化氢、二氧化碳等物质。天然气的特点是热值较高（3.3×10^4～4.2×10^4 kJ/m^3），输气压力高，毒性小。

（2）人造煤气。人造煤气是从固体燃料或液体燃料中经过加工取得的可燃性气体。典型的是干馏煤气（炼焦煤气），是在隔绝空气的条件下将煤加热而产生的可燃性气体。干馏煤气的主要成分是甲烷、一氧化碳和氢等，热值约为 $1.7\times1\,010^4$ kJ/m^3。其特点是压力较低，毒性较大。

（3）液化石油气。液化石油气是用天然气液化或从石油化工厂生产的石油气中分离出来的可燃性气体。它的主要成分是丙烷、丙烯和丁烯等，热值高（8.8×10^4～10.9×10^4 kJ/m^3）。液化石油气在常温常压下是气体，当压力在 0.8 MPa 以上时变成液体。其特点是：压力较高，毒性较小，便于储运。

2. 燃烧与爆炸

(1) 燃烧。燃烧是可燃物质与氧或氧化剂化合所产生的发光放热的化学反应。燃烧产生的条件是可燃物质、助燃剂和火源三者同时存在。

燃气是由多种碳氢化合物组成的，燃烧时各成分与氧激烈化合，产生大量的热和光。一般，燃气燃烧时的烟气温度均高于100℃，烟气中氧和氢化合而成的水蒸气以气态的形式进入大气中。另外，由于燃气成分的不同，燃烧时需要的空气量也不一样。在燃烧完全时，燃气与空气的混合比例恰当，燃烧充分，火焰稳定并呈蓝色，这种火焰温度最高，且无有毒的一氧化碳气体。空气量过大则产生火焰不稳定的现象；空气量过小则产生黄色火焰并冒黑烟，火焰温度低，伴有大量一氧化碳。因此，在使用燃气时，必须正确调整燃气与空气的混合比，以达到最佳燃烧状态。

在燃烧过程中，当燃气喷离火孔的速度大于燃烧速度时，火焰就难以维持稳定，甚至熄灭，这种现象称为“脱火”。当燃气喷离火孔的速度小于燃烧速度时，火焰就会缩入燃烧器内部，形成不完全燃烧，这种现象称为“回火”。两者都属于不正常燃烧过程。

燃烧中的两个重要概念是闪点和自燃点。各种液体的表面均有一定量的蒸汽，在一定条件下，液面蒸汽和空气混合成可燃的混合物，遇火源即着火而瞬间燃烧，这种现象称为闪燃。引起闪燃的最低温度叫做闪点。自燃是指在没有明火作用的条件下发生的燃烧。能自行引燃并且持续燃烧的最低温度叫做自燃点。

(2) 爆炸。爆炸是指物质从一种状态迅速地转变成另一种状态，并在瞬间释放出巨大能量，伴随巨大声响的现象。爆炸有化学性爆炸和物理性爆炸。

爆炸极限是爆炸的重要概念，可燃气体、蒸汽、粉尘与空气混合，在一定的含量范围内，遇到明火就会爆炸，这个含量范围叫做爆炸极限。温度、压力、介质和着火源等是影响气体混合物爆炸极限的主要因素。

二、安全防火防爆的规定

1. 屠宰生产安全防火的一般规定

(1) 必须经过培训和考核合格才能操作高温加热设备、电气设备。

（2）凡是高温加热设备、明火加热设备，在使用中必须有专人看守。

（3）使用燃气、燃油的设备，必须按照规范要求定期检查，日常使用中也要注意检漏。检漏应使用肥皂水，禁止用明火试验。一旦发现燃气泄漏，应马上开窗通风，不得开动非防爆设备，以免因电火花等引起爆炸。

（4）对于电气设备，要经常检查零部件、线路接头等处的连接和绝缘等，电气性能必须符合安全规定。使用移动电气设备必须按照规定选择与设备容量匹配的插座。

2. 屠宰厂消防设备

消防设备主要由消防栓给水系统和化学灭火设备组成。

（1）消防栓给水系统。消防栓给水系统是将一定压力的水供给消防栓。消防栓装在消防栓箱内，包括消防枪和水龙带。消防栓箱门上安装有玻璃，当发生火灾时，可打碎玻璃，取出消防枪，打开供水阀门进行灭火。

（2）化学灭火设备。常用的化学灭火设备有干粉灭火器、二氧化碳灭火器和卤代烷灭火器等。

干粉灭火器中的干粉灭火剂是以碳酸氢钠为主要成分的干粉与碱性钠盐干粉组成，它是一种干燥的、易于流动的、微小颗粒状的粉末。其特点是无毒、不导电、灭火效果好、储存期长。使用时人要在上风处，将灭火器喷口对准着火处，拔去保险销，按下手柄或提起拉环，干粉灭火剂即可喷出灭火。

二氧化碳是一种不燃烧、不助燃、较稳定的气体，在常温下以液体状态储存于钢瓶内。使用时，将二氧化碳灭火器的喷口对准着火点，拔去保险销，压下手柄或打开阀门。

卤代烷是由氟、氯、溴、碘等卤素原子代替全部或部分烷烃分子中氢原子后的有机化合物的总称，常用的卤代烷灭火器品种有 1211、2402 等。共同特点是毒性低、不导电、灭火效力高、灭火后不留残迹、储存期长。使用方法与前两种相同。

三、烧伤与烫伤的现场救治

烧伤与烫伤都是热源导致的损伤。热源的温度超过 45℃即能造成烧伤与烫伤，属于常见损伤。

烧伤、烫伤的程度和范围与热源温度、接触时间和接触身体部位的关系密切。较大的烧伤、烫伤容易引起休克、败血症等而危及生命，所以必须引起重视。

现场救治要点如下：

1. 迅速摆脱热源，远离热源现场。

2. 液体烫伤要立刻脱下浸湿的衣物，用干净冷水冲洗患处 10 min 以上。

3. 身上衣物着火要马上脱下或用冷水、灭火器扑灭，亦可就地卧倒翻身滚动、跳入水中使火焰熄灭。不能用手扑打，更不能奔跑。

4. 皮肤无破损的局限点片状烧伤和烫伤，可涂抹獾油、清凉油和烧伤药膏等；皮肤破损的创面要保持清洁，一般不涂药物；面颈部烧伤，不宜包扎，以防水肿时影响呼吸，导致窒息。

5. 简单救治后，必须立即送医院做进一步处理。

第 4 节　手动工具和机械设备的安全使用知识

一、刀具安全使用知识

在屠宰过程中首先用到的是刀具，剔骨、去皮、切肉都要用到刀，在使用过程中应掌握刀具安全使用的一些知识。

1. 必须根据对象正确选择刀具。例如，剔骨使用剔骨刀，将排骨切割成段状，应使用电带锯。

2. 使用刀具操作时，必须全神贯注，不得分散注意力。

3. 刀具应放置在规定且明显的地方，不能混在肉或水中，以免发生割伤事故。

4. 刀具用后要做统一消毒处理，不得带出车间。

5. 选择刀具要考虑其质量和几何形状，要尽量与操作者相匹配，以减少劳动强度及损伤。另外要磨刀，保持刀具锋利。

二、麻电设备的安全使用知识

麻电设备应安装电压表、电流表、调压器，并能根据生猪和屠宰季节，适当调节电压和麻电时间。使用人工麻电器应在其两端分别蘸盐水（防止电源短路），操作时在猪头颞颥区（俗称太阳穴）额骨与枕骨附近（猪眼与耳根交界处）进行麻电；将电极的一端揿在颞颥区，另一端揿在骨胛骨附近。屠宰加工常用设备安全使用应注意：

1. 操作各类设备的人员必须经过培训，掌握机器安全操作设备的基本知识。

2. 必须严格按照机器的加工要求操作，以免损坏机器。

3. 使用机器之前，要按照要求选择附件，安装要正确。

4. 出现故障必须请专业修理人员处理，其他人员不得擅自拆卸修理。

5. 机器使用完毕，必须切断电源，将机器有关部位打开或分解，清洗消毒，必要时做防锈处理。

第八章

相关的法律、法规知识

作为一名屠宰加工行业合格的技术工人，除了要有合格的操作技术扎实的理论基础以外，还应当主动学习与本行业有关的国家法律、法规和本企业的各项管理规定。本章将介绍国家相关的法律、法规知识，主要有《动物防疫法》《食品卫生法》《生猪屠宰管理条例》《肉类加工厂卫生规范》《产品质量法》《计量法》《中华人民共和国劳动法》《环境保护法》《消费者权益保护法》等。

第 1 节　动物防疫法的相关知识

一、《动物防疫法》的意义

1997 年 7 月 3 日第八届全国人民代表大会常务委员会第二十六次会议通过，自 1998 年 1 月 1 日起实施。

全国各级政府及主管部门认真学习贯彻执行《动物防疫法》《动物防疫条例》全面落实动物防疫的各项措施，强化动物防疫的监督管理，确保我国畜牧业持续、稳定、健康发展。

在贯彻执行《动物防疫法》的过程中，坚持学习与宣传并重，学法与用法并举；规范执法行为，遵守法律程序，提高办案质量，综合执法水平得到了进一步提高，加大违法案件的查处力度，维护了畜牧业生产、经营正常秩序，有效地控制了动物病疫的传播，动物佩戴耳标工作有了一定进展，加强了上市肉品的检疫，为保护人民群众身体健康作出了贡献。

《动物防疫法》的颁布和实施，满足了预防、控制和扑灭动物疫病的需要，保护和促进了养殖业生产的发展，维护了消费者合法权益和人体健康，将动物防疫工作的管理纳入法制化轨道，理顺了动物防疫管理体制、完善调整范围、健全防疫制度、建立防疫秩序等。标志着我国畜禽及畜产品卫生管理进入了一个新的飞跃。

二、《动物防疫法》的主要内容

《动物防疫法》共七章，五十八条。

第一章总则。明确了《动物防疫法》的宗旨、最基本的原则。规定了国家实行动物防疫法的适用范围。

本法由总则、动物疫病的预防、动物疫病的控制和扑灭、动物和动物产品的检疫、动物防疫监督、法律责任六个部分组成。具体内容见附录1。

对肉及肉制品的生产者、经营者的义务：

1. 遵守防疫法和国家有关规定。国家有关规定主要是国务院畜牧兽医行政管理部门制定的有关规定，包括国务院对疫病预防的直接规定，也包括县级以上地方人民政府及其有关部门制定的一些具体规定，如预防规划、预防办法。

2. 做好动物疫病的预防工作，承担动物疫病预防、检疫、监测、消毒、无害化处理等所需要的费用。

3. 接受动物防疫监督机构的检疫、监测和监督管理。

4. 特殊的义务。如屠宰场、饲养场、种畜禽场、教学科研单位等都有自己特定的义务。

第 2 节　食品卫生法的相关知识

一、《食品卫生法》的意义

1995 年 10 月 30 日，第八届全国人民代表大会常务委员会第十六次会议通过了《中华人民共和国食品卫生法》，1995 年 10 月 30 日中华人民共和国主席令第 59 号公布，并于公布日起实施。

《食品卫生法》将我国长期以来实行的、行之有效的食品卫生工作、方针、政策以法律的形式确定下来，使之成为全社会的食品卫生安全保障的行为准则，从而使我国的食品卫生工作置于国家和广大人民群众监督之下，标志着我国食品卫生工作已进入法制管理轨道。《食品卫生法》的颁布，是全国人民生活中的一件大事，也是我国人民建设社会主义物质文明和精神文明的一件大事，具有重要的现实意义和深远的历史意义。

二、《食品卫生法》的作用

《食品卫生法》将党和国家有关食品卫生的方针和政策以及行之有效的制度用法律的形式固定下来，使卫生行政部门、司法部门和食品卫生经营部门开展工作有一个比较完善的法律遵循。这对改善食品卫生状况，保障人民身体健康，起着越来越大的作用，归纳起来主要有以下几点：

1. 确立食品卫生方面的基本法律规范，有力地推进食品卫生监督管理方面的法制化。

2. 体现了国家对人民生命健康权的高度重视，并将其表现为国家的意志，具有极大的权威性。

3. 认真地总结试行法的实践经验，使之进一步符合中国国情，能有效地规范食品生产中的违法经营行为。

4. 及时地反映中国社会经济的新发展、新要求，具有很强的现实意义。

5. 对食品卫生监督体制做出了重要的规定，使之更完善、更合理。

6. 强化了有法必依、执法必严、违法必究的力度，使食品卫生法更有威慑力。

7. 促进我国国民经济发展，进一步规范食品市场秩序，保障食品的国际贸易，维护国际信誉和国家主权。

三、《食品卫生法》的主要内容

《中华人民共和国食品卫生法》共九章，五十七条。

第一章　总则。明确了《食品卫生法》的宗旨、目的、意义和最基本的原则，规定了国家实行食品卫生监督制度和制度的适用范围以及人民群众的监督权利。

第二章　食品的卫生。主要规定了对食品本身的卫生、营养、感官性状的要求，食品生产经营过程必须做到的卫生要求，禁止生产经营的食品，食品不得加入药物等。这些规定是食品生产经营者应当履行的法律义务，一旦违反要承担法律责任。

第三章　食品添加剂的卫生。规定生产经营和使用食品添加剂，必须符合食品卫生标准和卫生管理办法的规定；不符合卫生标准和卫生管理办法的食品添加剂不得经营和使用。

第四章　食品容器、包装材料和食品用工具、设备的卫生。明确规定食品容器、包袋材料和食品用工具、设备必须符合卫生标准和卫生管理办法的规定，必须采用符合卫生要求的原材料。产品应当便于清洗和消毒。

第五章　食品卫生标准和管理办法的规定。对批准颁发的机关、程序和批准权限，以及各有关部门的职责及关系作了明确规定。

第六章　食品卫生管理，共有十五条。主要内容包括食品生产经营的主管部门和企业必须建立健全本系统、本单位的食品卫生管理、检疫机构或配备食品卫生管理人员及其职责；食品企业建筑工程、新资源的利用、新品种的生产等的审批程序；食品标签内容和食品生产经营者采购食品索取检验合格证的要求，食品生产经营许可证制度；城乡集市食品卫生管理，进出口食品卫生的监督、检验制度等。

第七章　食品卫生监督。主要规定了各级卫生行政部门及食品卫生监督机构的职责。

第八章　法律责任。规定了违反《食品卫生法》要承担的法律责任。

第九章　附则。以立法形式对本法重要用语做了定义，本法实施细则和出口食品的管理办法的制定程序，本法的生效日期及溯及力的问题。

四、相关定义知识

食品：指各种供人食用或者饮用的成品和原料以及按照传统既是食品又是药品的物品，但是不包括以治疗为目的的物品。

食品添加剂：指为改善食品品质和色、香、味，以及为防腐和加工工艺的需要而加入食品中的化学合成或者天然物质。

营养强化剂：指为增强营养成分而加入食品中的天然的或者人工合成的属于天然营养素范围的食品添加剂。

食品容器、包装材料：指包装、盛放食品用的纸、竹、木、金属、陶瓷、搪料、橡胶、天然纤维、化学纤维、玻璃等制品和接触食品的涂料。

食品用工具、设备：指食品在生产经营过程中接触食品的机械、管道、传送带、容器、用具、餐具等。

食品生产经营：指一切从事食品的生产（不包括种植业养殖业）、采集、收购、加工、储存、运输、陈列、供应、销售等活动。

食品生产经营者：指一切从事食品生产经营的单位或者个人，包括职工食堂、食品摊贩等。

第 3 节　生猪屠宰管理条例

1985 年肉类市场放开经营以来，国家实行多渠道流通，给城乡市场带来了活力。但是由于法制建设滞后，宏观管理失控，私屠滥宰泛滥，国家税收流失，病害、注水和劣质肉充斥市场，严重影响消费者健康。1987 年以后，部分地区对上市生猪实行“定点屠宰、集中检验、统一纳税、分散经营”的办法，少数省级人民政府出台了生猪屠宰管理的政府规章，几经反复，但收效甚微。

在总结各地经验的基础上，国务院于 1997 年 12 月发布了《生猪屠宰管理条例》（以下简称《条例》），并于 1998 年 1 月开始施行，在我国第一次实现了生猪屠宰管理有法可依，全国畜禽屠宰管理步入法制化轨道。《条例》施行 6 年来，在加强屠宰管理机构和执法队伍建设，改善屠宰加工设施，提高肉品检验质量，扼制私屠滥宰和病害、注水、劣质肉上市等不法行为，规范肉类市场秩序，取得了明显的成效。特别是通过广泛深入的宣传，较好地提高和统一了各级政府、有关部门和广大群众对生猪屠宰管理必要性和重要性的认识，增强了依法管理生猪屠宰的意识，营造了一个良好的氛围，全国出现了“生猪生产、市场供应、消费心理”三稳定的好形势，许多大中城市人民开始吃上了“安全肉”。

《生猪屠宰管理条例》共有 24 条，自 1998 年 1 月 1 日起施行。主要内容包括：

一、制定本条例的目的

二、相关职能部门的规定

三、定点屠宰厂（场）的设置规划

四、定点屠宰厂（场）应当具备的条件

五、生猪屠宰的检疫及监督

六、生猪及产品品质的要求

七、猪产品的生产与销售

八、违反本条例规定的处罚

《条例》的实施，是我国对畜禽屠宰行业实行法制化管理的标志，全国畜禽屠宰管理步入规范化。

第 4 节　肉类加工厂卫生规范

《肉类加工厂卫生规范》规定比较全面，与屠宰加工密切相关的内容有：

一、主题内容与适用范围

规定了肉类加工厂的设计与设施、卫生管理、加工工艺、成品储藏和运输的卫生要求。本规范适用于屠宰猪、牛、羊和生产分割肉与肉制品的工厂。

二、术语解释

对屠体、胴体、分割肉、肉制品、有条件可食肉、化制等概念进行了解释。

三、设计与设施的卫生规定了9个方面的内容

（1）选址；（2）厂区和道路；（3）供水；（4）卫生设施；（5）工厂的卫生管理；（6）个人卫生与健康；（7）加工过程中的卫生；（8）成品储藏与运输的卫生；（9）卫生与质量检验管理。

第5节　产品质量法的相关知识

一、《产品质量法》的意义

1993年2月22日第七届全国人民代表大会常务委员会第三十次会议通过，根据2000年7月8日第九届全国人民代表大会常务委员会第十六次会议《关于修改〈中华人民共和国产品质量法〉的决定》修正。为了加强对产品质量的监督管理，提高产品质量水平，明确产品质量责任，保护消费者的合法权益，维护社会经济秩序，制定产品质量法。

本法自1993年9月1日起施行。

二、《产品质量法》的主要内容

《产品质量法》共六章，七十四条。

第一章　总则。明确了制定产品质量法的目的和意义，适用范围，生产者、销售者应当健全内部产品质量管理制度，严格实施岗位质量规范、质量责任以及相应的考核办法；生产者、销售者应依照法律规定承担产品质量责任，禁止伪造或者冒用认证标志等质量标志，禁止伪造产品的产地或者冒用他人的厂名、厂址，以及在生产、销售的产品中掺杂、

掺假，以假充真，以次充好；鼓励企业产品质量达到并且超过行业标准、国家标准和国际标准；规定了各级产品质量监督部门和个人的职责和行为，违反规定的，要追究法律责任；任何单位和个人都有权检举违反法律规定的行为，不得排斥非本地区或本系统企业生产的质量合格的产品进入本地区、本系统等。

第二章 产品质量的监督。规定了产品质量应当检验合格，不得以不合格产品冒充合格产品；国家根据国际通用的质量管理标准，推行企业质量体系认证制度。企业根据自愿原则可以向国务院产品质量监督部门认可的或者国务院产品质量监督部门授权的部门认可的认证机构申请企业质量体系认证。经认证合格的，由认证机构颁发企业质量体系认证证书。国家对产品质量实行以抽查为主要方式的监督检查制度，对于产品质量不合格者将责令限期改正。对于产品质量检验机构所必备条件做出了规定。

第三章 生产者、销售者的产品质量责任和义务。规定了生产者应当对其生产的产品质量负责，对于生产者的产品质量责任和义务有七条。对于销售者的产品质量责任和义务也有七条。

第四章 损害赔偿。列出了对于售出的产品存在三种情形之一者，销售者应当负责修理、更换、退货；给购买产品的消费者造成损失的，销售者应当赔偿损失。因产品存在缺陷造成人身、缺陷产品以外的其他财产损害的，生产者应当承担赔偿责任。

因产品存在缺陷造成人身、他人财产损害的，受害人可以向产品的生产者要求赔偿，也可以向产品的销售者要求赔偿。

第五章 罚则。对于生产、销售者的不法行为，如生产、销售不符合保障人体健康和人身、财产安全的国家标准、行业标准的产品的；在产品中掺杂、掺假，以假充真，以次充好，或者以不合格产品冒充合格产品的；生产国家明令淘汰的产品的，销售国家明令淘汰并停止销售的产品的；销售失效、变质的产品的；伪造产品产地的，伪造或者冒用他人厂名、厂址的，伪造或者冒用认证标志等质量标志的等。对于所罗列的一些不法行为，依据情节轻重给予不同程度的处罚。

第六章 附则。除有关问题外，规定了军工产品质量监督管理办法，由国务院、中央军事委员会另行制定，因核设施、核产品造成损害的赔偿责任，法律、行政法规另有规定。

三、相关概念

产品质量是指产品（指经过加工、制作，用于销售的产品）所应具有的、符合人们需要的各种特性，如适用性、安全性、可靠性、可维修性等。在我国，产品质量是指国家有关法律法规、质量标准以及合同规定的对产品适用、安全和其他特性的要求。我国产品质量法上所指的产品是排除了初级产品、未经过加工的天然形成的物品，由建筑工程形成的房屋桥梁、其他建筑物等不动产，以及军工产品。

成品质量法是调整在生产、流通以及监督管理过程中，因产品质量而发生的各种经济关系（产品质量责任关系和产品质量监督管理关系）的法律规范的总称。

企业质量体系认证是指通过认证机构的独立评审，对于符合条件的，颁发认证证书，从而证明该企业的质量体系达到相应标准。其认证的对象是企业，即企业的质量管理、质量保证能力的整体水平。

产品质量认证是指通过认证机构的独立评审，对于符合条件的，颁发认证书和认证标志，从而证明某一产品达到相应标准。

产品质量检验制度是指产品质量应当检验合格，不得以不合格产品（包括处理品、劣质品）冒充合格产品。产品或其包装上的标志，要有产品质量检验合格证明。产品出厂要检验，商家进货要检验的产品质量监督管理制度。

瑕疵，广义地说，是指产品不符合其应当具有的质量要求；狭义的说，仅指一般性的质量问题，如产品外观、使用性能等方面的质量问题。

缺陷是指产品存在危及人身、他人财产安全的不合理的危险；产品有保障人体健康、人身、财产安全的国家标准、行业标准的，是指不符合该标准。产品的设计、原材料采用、制造装配、指示等都可能发生缺陷。

产品责任是指产品生产者和销售者因违反产品质量法的规定的产品质量要求而应当承担的责任，狭义的产品责任则仅指由于产品存在缺陷而导致的损害赔偿，其性质为侵权责任，各国都实行严格责任原则。

第 6 节　计量法的相关知识

一、《计量法》的目的意义

1985 年 9 月 6 日第六届全国人民代表大会常务委员会第 12 次会议通过，自 1986 年 7 月 1 日起施行。制定计量法的目的是为了加强计量监督管理，保障国家计量单位制的统一和量值的准确可靠，有利于生产、贸易和科学技术的发展，适应社会主义现代化建设的需要，维护国家、人民的利益。

计量是指用一种标准的单位量，去测定另一同类量的量值。计量工作，包括测试、检验、对各种理化性能的测定和分析等工作。如果没有健全的计量工作，就不会有真实可靠的原始记录，就没有质量的过程控制。在生产过程中，没有计量器具或计量不准确，还会给生产带来直接损失，甚至造成事故。计量是企业生产经营中一项不可缺少的技术基础。没有高质量的计量，就不可能生产出高质量的产品。在市场激烈竞争的条件下，加强计量工作，对于改善企业管理，提高产品质量，有着重要的作用。企业要全面贯彻实施《计量法》，积极采用国际单位制，推行法定计量单位；配备与生产、科研、经营管理相适应的计量检测设备；制定具体的检定管理办法和规章制度。当前，尤其要根据企业的实际情况，努力建立并完善计量检测体系或开展计量合格确认工作。要使生产的产品达到预定的质量指标，必须充分运用计量器具进行测试，把握住原材料、元器件进厂验收；按工艺流程进行生产；成品按产品标准进行出厂检验三个环节。只有扎扎实实做好计量这一重要的技术基础工作，企业才能在市场竞争中取胜，企业的发展才会有无限的生命力。

二、《计量法》的主要内容

《计量法》共六章，三十五条。

第一章　总则。说明了计量法立法的目的和意义，适用范围，法定计量单位；规定由国务院计量行政部门对全国计量工作实施统一监督管理，县级以上地方人民政府计量行政部门对本行政区域内的计量工作实施监督管理。

第二章 计量基准器具、计量标准器具和计量检定。规定国务院计量行政部门负责建立各种计量基准器具，作为统一全国量值的最高依据。县级以上地方人民政府计量行政部门根据本地区的需要，建立社会公用计量标准器具，经上级人民政府计量行政部门主持考核合格使用。国务院有关主管部门和省、自治区、直辖市人民政府有关主管部门，根据本部门的特殊需要，企业、事业单位根据需要，均可以建立本部门、本单位使用的计量标准器具，但其各项最高计量标准器具经有关人民政府计量行政部门主持考核合格后使用。

县级以上人民政府计量行政部门对社会公用计量标准器具，部门和企业、事业单位使用的最高计量标准器具，以及用于贸易结算、安全防护、医疗卫生、环境监测方面的列入强制检定目录的工作计量器具，实行强制检定。计量检定必须按照国家计量检定系统表进行。

第三章 计量器具管理。对制造、修理计量器具的企业、事业单位所具备的条件做出了规定。必须具备与所制造、修理的计量器具相适应的设施、人员和检定仪器设备，经县级以上人民政府计量行政部门考核合格，取得《制造计量器具许可证》或者《修理计量器具许可证》。制造、修理计量器具的企业、事业单位必须对制造、修理的计量器具进行检定，保证产品计量性能合格，并对合格产品出具产品合格证。

第四章 计量监督。规定县级以上人民政府计量行政部门，根据需要设置计量监督员。还可根据需要设置计量检定机构，或者授权其他单位的计量检定机构，执行强制检定和其他检定、测试任务。

第五章 法律责任。规定对制造、修理计量器具者的不法行为要追究法律责任。如未取得《制造计量器具许可证》《修理计量器具许可证》制造或者修理计量器具的，制造、销售未经考核合格的计量器具新产品的，制造、修理、销售的计量器具不合格的，属于强制检定范围的计量器具，未按照规定申请检定或者检定不合格继续使用的；计量监督人员违法失职等，依据情节严重将受到处罚或追究刑事责任。

第六章 附则。除相关内容外，规定对于中国人民解放军和国防科技工业系统计量工作的监督管理办法，由国务院、中央军事委员会依据本法另行制定。

第 7 节　劳动法的相关知识

一、《劳动法》的目的意义

《中华人民共和国劳动法》由中华人民共和国第八届全国人民代表大会常务委员会第八次会议于 1994 年 7 月 5 日通过，自 1995 年 1 月 1 日起施行。是为了保护劳动者的合法权益，调整劳动关系，建立和维护适应社会主义市场经济的劳动制度，促进经济发展和社会进步，根据宪法，制定的。

二、《劳动法》的作用

劳动法在完成劳动人格、保护劳动者的合法权益、协调稳定劳动关系等方面有着重要作用。

劳动人格是指劳动力之完全人格化的状态，亦即权利客体的劳动力演变至权利主体的地位，劳动力与其所持者的人格完全合一的状态。在非自由劳动的形式下，雇主对劳动有单独支配权。在罗马法中劳动关系是一种租赁，称为劳动之租赁，是物之租赁的对称。法国法仍沿袭此观念。至德国民法始改称为雇佣契约。但劳动力依然视为权利客体，而有劳动力之劳动者视为权利主体。产业民主主义蕴涵着劳动者参加经营的思想，要使权利客体的劳动力化为主体，而劳动法为这种人格合一提供了有力的保障。

劳动法维护了劳动者的合法权益。劳动法确认了劳动者所应享有的各项基本权利，如劳动权、劳动报酬权、劳动保护权、休息权、获得物质帮助权、民主管理权等，并为这些权利的实现提供了切实的物质保障。劳动法对妇女、未成年人等特殊劳动者的权益保护规定了特别的措施。通过最低工资制、劳动条件的最低标准等规定，为劳动者的生产和生活提供了最低保障。

劳动法规定了劳动者的自由择业权利和用人单位的自主用人权，使劳动者和生产资料的最优化组合成为可能，并规定了劳动合同制度，平等地保护劳动者和用人单位的合法权益，保持劳动关系的相对稳定。集体合同和集体谈判制度，为劳动者通过谈判交涉机制争取更优越的劳动条件提供了法律保障。劳动争议处理制度和劳动监察制度，为协调稳定劳动关系和社会经济的平稳发展创造了条件。

劳动法对社会的安定团结起着重要作用。劳动法通过促进就业、举办社会保障事业、处理劳动争议以及其他方面的机制，维护社会正常生产、生活秩序。

三、《劳动法》的主要内容

《劳动法》共十三章，一百零七条。

第一章　总则。说明制定《劳动法》的目的意义，《劳动法》适用的范围，劳动者应当享受的一些权利，规定用人单位应当依法建立和完善规章制度，保障劳动者享有劳动权利，劳动者有权依法参加和组织工会。

第二章　促进就业。国家通过促进经济和社会发展，创造就业条件，扩大就业机会；地方各级人民政府应当采取措施，发展多种类型的职业介绍机构，提供就业服务；劳动者就业，不因民族、种族、性别、宗教信仰不同而受歧视；妇女享有与男子平等的就业权利；禁止用人单位招用未满 16 周岁的未成年人。

第三章　劳动合同和集体合同。劳动合同是劳动者与用人单位确立劳动关系、明确双方权利和义务的协议，建立劳动关系应当订立劳动合同；订立和变更劳动合同，应当遵循平等自愿、协商一致的原则，不得违反法律、行政法规的规定；劳动合同依法订立即具有法律约束力，当事人必须履行劳动合同规定的义务。指明什么样的劳动合同为无效的劳动合同，无效的劳动合同，从订立的时候起，就没有法律约束力；劳动合同应当以书面形式订立，并应具备七项必备条款，当事人还可以协商约定其他内容。劳动合同的期限分为有固定期限、无固定期限和以完成一定的工作为期限；劳动合同可以约定试用期，但最长不得超过六个月；劳动合同当事人可以在劳动合同中约定保守用人单位商业秘密的有关事项；劳动合同期满或者当事人约定的劳动合同终止条件出现，劳动合同即行终止；经劳动合同当事人协商一致，劳动合同可以解除；对于劳动者不同的情形，用人单位可以解除劳动合同，但是应当提前 30 日以书面形式通知劳动者本人，或不得解除劳动合同；劳动者解除劳动合同，应当提前 30 日以书面形式通知用人单位。另外，如果存在所列三种情形之一的，劳动者可以随时通知用人单位解除劳动合同。企业职工一方与企业可以就劳动报酬、工作时间、休息休假、劳动安全卫生、保险福利等事项，签订集体合同，集体合同草案应当提交职工代表大会或者全体职工讨论通过，签订后应当报送劳动行政部门；劳动行政部门自收到集体合同文本之日起十五日内未提出异议的，集体合同即行生效；依法签订的集体合同对企业和企业全体职工具有约束力，职工个人与企业订立的劳动合同中，劳动条件和劳动报酬等标准不得低于集体合同的规定。

第四章 工作时间和休息休假。规定国家实行劳动者每日工作时间不得超过 8 小时、平均每周工作时间不超过 44 小时的工时制度；对实行计件工作的劳动者，用人单位应当根据本法第 36 条规定的工时制度合理确定其劳动定额和计件报酬标准；用人单位应当保证劳动者每周至少休息一日；用人单位在法律、法规规定的节假日期间应当依法安排劳动者休假；用人单位由于生产经营需要，经与工会和劳动者协商后可以延长工作时间，一般每日不得超过一小时，因特殊原因需要延长工作时间的，在保障劳动者身体健康的条件下延长工作时间每日不得超过三小时，但是每月不得超过 36 小时；指出有三种情形之一的，延长工作时间不受本法第 41 条规定的限制；对于安排劳动者延长工作时间的，或休息日安排劳动者工作又不能安排补休的，或法定休假日安排劳动者工作的，用人单位应当按照标准支付高于劳动者正常工作时间工资的工资报酬；国家实行带薪年休假制度，劳动者连续工作一年以上的，享受带薪年休假。

第五章 工资。规定工资分配应当遵循按劳分配原则，实行同工同酬；用人单位根据本单位的生产经营特点和经济效益，依法自主确定本单位的工资分配方式和工资水平，支付劳动者的工资不得低于当地最低工资标准；工资应当以货币形式按月支付给劳动者本人，不得克扣或者无故拖欠劳动者的工资；劳动者在法定休假日和婚丧假期间以及依法参加社会活动期间，用人单位应当依法支付工资。

第六章 劳动安全卫生。规定用人单位必须建立、健全劳动安全卫生制度，严格执行国家劳动安全卫生规程和标准，对劳动者进行劳动安全卫生教育，防止劳动过程中的事故，减少职业危害；劳动安全卫生设施必须符合国家规定的标准；用人单位必须为劳动者提供符合国家规定的劳动安全卫生条件和必要的劳动防护用品，对从事有职业危害作业的劳动者应当定期进行健康检查；从事特种作业的劳动者必须经过专门培训并取得特种作业资格；劳动者在劳动过程中必须严格遵守安全操作规程，并对用人单位管理人员违章指挥、强令冒险作业，有权拒绝执行，对危害生命安全和身体健康的行为，有权提出批评、检举和控告。

第七章　女职工和未成年工特殊保护。未成年工是指年满十六周岁未满十八周岁的劳动者，国家对女职工和未成年工实行特殊劳动保护。禁止安排女职工从事矿山井下、国家规定的第四级体力劳动强度的劳动和其他禁忌从事的劳动，不得安排女职工在经期从事高处、低温、冷水作业和国家规定的第三级体力劳动强度的劳动，不得安排女职工在怀孕期间从事国家规定的第三级体力劳动强度的劳动和孕期禁忌从事的活动，对怀孕七个月以上的女职工，不得安排其延长工作时间和夜班劳动；女职工生育享受不少于九十天的产假；不得安排女职工在哺乳未满一周岁的婴儿期间从事国家规定的第三级体力劳动强度的劳动和哺乳期禁忌从事的其他劳动，不得安排其延长工作时间和夜班劳动；不得安排未成年工从事矿山井下、有毒有害、国家规定的第四级体力劳动强度的劳动和其他禁忌从事的劳动。

第八章　职业培训。国家通过各种途径，采取各种措施，发展职业培训事业，开发劳动者的职业技能，提高劳动者素质，增强劳动者的就业能力和工作能力。要求各级人民政府应当把发展职业培训纳入社会经济发展的规划，鼓励和支持有条件的企业、事业组织、社会团体和个人进行各种形式的职业培训。用人单位应当建立职业培训制度，按照国家规定提取和使用职业培训经费，根据本单位实际，有计划地对劳动者进行职业培训，从事技术工种的劳动者，上岗前必须经过培训。国家确定职业分类，对规定的职业制定职业技能标准，实行职业资格证书制度，由经过政府批准的考核鉴定机构负责对劳动者实施职业技能考核鉴定。

第九章　社会保险和福利。国家发展社会保险事业，建立社会保险制度，设立社会保险基金，使劳动者在年老、患病、工伤、失业、生育等情况下获得帮助和补偿。社会保险基金按照保险类型确定资金来源，逐步实行社会统筹，用人单位和劳动者必须依法参加社会保险，缴纳社会保险费；劳动者享受社会保险待遇的条件和标准由法律、法规规定；保险基金经办机构依照法律规定收支、管理和运营社会保险基金，并负有使社会保险基金保值增值的责任；国家发展社会福利事业，兴建公共福利设施，为劳动者休息、休养和疗养提供条件，用人单位应当创造条件，改善集体福利，提高劳动者的福利待遇。

第十章　劳动争议。规定用人单位与劳动者发生劳动争议，当事人可以依法申请调解、仲裁、提起诉讼，也可以协商解决，调解原则适用于仲裁和诉讼程序；解决劳动争议，应当根据合法、公正、及时处理的原则，依法维护劳动争议当事人的合法权益。

第十一章　监督检查。县级以上各级人民政府劳动行政部门依法对用人单位遵守劳动法律、法规的情况进行监督检查，对违反劳动法律、法规的行为有权制止，并责令改正。

第十二章　法律责任。规定对用人单位制定的劳动规章制度违反法律、法规规定的，由劳动行政部门给予警告，责令改正；对劳动者造成损害的，应当承担赔偿责任。例如，用人单位违反本法规定，延长劳动者工作时间的；侵害劳动者合法权益的；用人单位的劳动安全设施和劳动卫生条件不符合国家规定或者未向劳动者提供必要的劳动防护用品和劳动保护设施的；用人单位强令劳动者违章冒险作业，发生重大伤亡事故，造成严重后果的；用人单位非法招用未满 16 周岁的未成年人的；用人单位违反本法对女职工和未成年工的保护规定，侵害其合法权益的；由于用人单位的原因订立的无效合同，对劳动者造成损害的；用人单位违反本法规定的条件解除劳动合同或者故意拖延不订立劳动合同的，对劳动者造成损害的；用人单位无故不缴纳社会保险费的；劳动者违反本法规定的条件解除劳动合同或者违反劳动合同中约定的保密事项，对用人单位造成经济损失的；国家工作人员和社会保险基金经办机构的工作人员挪用社会保险基金，构成犯罪的。

第十三章　附则。省、自治区、直辖市人民政府根据本法和本地区的实际情况，规定劳动合同制度的实施步骤，报国务院备案。并规定了法律施行日期。

第 8 节　环境保护法的相关知识

一、《环境保护法》的目的意义

《中华人民共和国环境保护法》由中华人民共和国第七届全国人民代表大会常务委员会第十一次会议于 1989 年 12 月 26 日通过，自公布之日起施行。制定环境保护法的目的是为保护和改善生活环境与生态环境，防治污染和其他公害，保障人体健康，促进社会主义现代化建设的发展。

二、《环境保护法》产生的历史背景

20 世纪 80 年代，中国政府把环境保护确立为一项基本国策。1984 年，国家环境保护委员会成立。1989 年，首部《中华人民共和国环境保护法》正式颁布。1992 年联合国环境与发展大会以后，中国是率先制定和实施可持续发展战略的国家之一。1993 年，全国人大常委会环境资源委员会正式成立。迄今为止，国家和政府共颁布了 7 部环境保护法律、13 部自然资源管理法律和 34 项环境保护法规，环境保护部门出台了 90 多项全国性环境保护规章和 1 020 多件地方性环境保护法规，环境法律体系日趋完善。

随着经济快速发展而日益突出的环境问题，越来越受到人们的关注。大众舆论一致认为，环境问题已经成为中国 21 世纪面临的最严重的挑战之一。最新的全国性社会调查显示，目前中国有 98%的人会关注并讨论环保问题；48%的人认为公民在环保方面的作用最大，超过政府、企业和非政府组织的作用。环境保护业已成为一项方兴未艾的全民活动。

三、《环境保护法》的主要内容

《环境保护法》共六章，四十七条。

第一章　总则。明确了环境的定义和《环境保护法》的适用范围，规定了国家相关环境保护部门对所辖区的环境保护实施统一监督管理，一切单位和个人都有保护环境的义务。

第二章　环境监督管理。规定国务院环境保护行政主管部门负责国家环境质量标准，并根据国家环境质量标准和国家经济、技术条件，制定国家污染物排放标准；国务院环境保护行政主管部门建立监测制度，制定监测规范，会同有关部门组织监测网络，加强对环境监测的管理。建设污染环境的项目，必须遵守国家有关建设项目环境保护管理的规定。

第三章　保护和改善环境。规定地方各级人民政府，应当对本辖区的环境质量负责，采取措施改善环境质量；开发利用自然资源，必须采取措施保护生态环境；制订城市规划，应当确定保护和改善环境的目标和任务。

第四章　防治环境污染和其他公害。规定产生环境污染和其他公害的单位，必须把环境保护工作纳入计划，建立环境保护责任制度；建设项目中防治污染的设施，必须与主体工程同时设计、同时施工、同时投产使用；生产、储存、运输、销售、使用有毒化学物品和含有放射性物质的物品，必须遵守国家有关规定，防止污染环境。

第五章　法律责任。规定对于违反本法规定的行为，环境保护行政主管部门或者其他依照法律规定行使环境监督管理权的部门可以根据不同情节，给予警告或者处以罚款，造成环境污染危害的，有责任排除危害，并对直接受到损害的单位或者个人赔偿损失。

第六章　附则。规定中华人民共和国缔结或者参加的与环境保护有关的国际条约，同中华人民共和国的法律有不同规定的，适用国际条约的规定，但中华人民共和国声明保留的条款除外。

第 9 节　消费者权益保护法的相关知识

一、《消费者权益法》的目的意义

中华人民共和国消费者权益保护法于 1993 年 10 月 31 日第八届全国

人民代表大会常务委员会第四次会议通过，自 1994 年 1 月 1 日起实行。《消费者权益法》是为保护消费者的合法权益，维护社会经济秩序，促进社会主义市场经济健康发展制定的。

二、《消费者权益保护法》的作用

《消费者权益保护法》的作用，是与其立法的目的和宗旨相一致的，主要表现在以下几方面：

1. 保护消费者的合法权益

通过《消费者权益保护法》的颁布，明确了消费者的权利，确立和加强了保护消费者权益的法律基础，弥补了原有法律、法规在保障消费者权益方面调整作用不全的缺陷。我国现有法律、法规中有不少内容涉及保护消费者权益，如《民法通则》《产品质量法》《食品卫生法》等，但是对于因提供和接受服务而发生的消费者权益受损害的问题，只在《消费者权益保护法》中做出了全面而明确的规定。

2. 维护社会经济秩序

《消费者权益保护法》通过规范经营者应对维护消费者权益承担何种义务，特别是着重规范经营者与消费者的交易行为，即必须遵循自愿、平等、公平、诚实信用的原则，从而也对社会经济秩序产生重要的维护作用。

3. 促进社会主义市场经济健康发展

保护消费者权益不是消费者个人之事，当代社会的生产和消费的关系密不可分，结构合理、健康发展的消费无疑会促进生产的均衡发展。没有消费，也就没有市场。保护消费者权益成为贯彻消费政策的重要内容，因此有利于社会主义市场经济的健康发展。

三、《消费者权益法》的主要内容

《消费者权益保护法》共八章，五十五条。

第一章　总则。消费者为生活消费需要购买、使用商品或者接受服务，其权益受《消费者权益保护法》保护；经营者为消费者提供其生产、销售的商品或者提供服务，应当遵守《消费者权益保护法》；经营者与消费者进行交易，应当遵循自愿、平等、公平、诚实信用的原则；国家保护消费者的合法权益不受侵害，国家采取措施，保障消费者依法行使权利，维护消费者的合法权益。

第二章　消费者的权益。规定消费者在购买、使用商品和接受服务时享有人身、财产安全不受损害的权利，知悉其购买、使用的商品或者接受的服务的真实情况的权利，自主选择商品或者服务的权利，公平交易的权利，消费者因购买、使用商品或者接受服务受到人身、财产损害的，享有依法获得赔偿的权利；还享有依法成立维护自身合法权益的社会团体的权利，获得有关消费和消费者权益保护方面的知识的权利；消费者在购买、使用商品和接受服务时，享有其人格尊严、民族风俗习惯得到尊重的权利；还享有对商品和服务以及保护消费者权益工作进行监督的权利。

第三章　经营者的义务。规定了经营者向消费者提供商品或者服务，应当依照《中华人民共和国产品质量法》和其他有关法律、法规的规定履行义务；经营者应当听取消费者对其提供的商品或者服务的意见，接受消费者的监督；经营者应当保证其提供的商品或者服务符合保障人身、财产安全的要求；经营者应当向消费者提供有关商品或者服务的真实信息，不得做引人误解的虚假宣传；经营者应当标明其真实名称和标记；经营者提供商品或者服务，应当按照国家有关规定或者商业惯例向消费者出具购货凭证或者服务单据；经营者应当保证在正常使用商品或者接受服务的情况下其提供的商品或者服务应当具有的质量、性能、用途和有效期限；经营者提供商品或者服务，按照国家规定或者与消费者的约定，承担包修、包换、包退或者其他责任的，应当按照国家规定或者约定履行，不得故意拖延或者无理拒绝；经营者不得以格式合同、通知、声明、店堂告示等方式做出对消费者不公平、不合理的规定，或者减轻、免除其损害消费者合法权益应当承担的民事责任；经营者不得对消费者进行侮辱、诽谤，不得搜查消费者的身体及其携带的物品，不得侵犯消费者的人身自由。

第四章　国家对消费者合法权益的保护。规定国家制定有关消费者权益的法律、法规和政策时，应当听取消费者的意见和要求；各级人民政府应当加强领导，组织、协调、督促有关行政部门做好保护消费者合法权益的工作；各级人民政府工商行政管理部门和其他有关行政部门应当依照法律、法规的规定，在各自的职责范围内，采取措施，保护消费者的合法权益；有关国家机关应当依照法律、法规的规定，惩处经营者在提供商品和服务中侵害消费者合法权益的违法犯罪行为；人民法院应当采取措施，方便消费者提起诉讼。对符合《中华人民共和国民事诉讼法》起诉条件的消费者权益争议，必须受理，及时审理。

第五章　消费者组织。规定消费者协会和其他消费者组织是依法成立的对商品和服务进行社会监督的保护消费者合法权益的社会团体，明确了消费者协会应履行的职能；消费者组织不得从事商品经营和营利性服务，不得以牟利为目的向社会推荐商品和服务。

第六章　争议的解决。列出了当消费者和经营者发生消费者权益争议时的五种解决途径：消费者在购买、使用商品时，其合法权益受到损害的，可以向销售者要求赔偿，销售者赔偿后，属于生产者的责任或者属于向销售者提供商品的其他销售者的责任的，销售者有权向生产者或者其他销售者追偿，消费者或者其他受害人因商品缺陷造成人身、财产损害的，可以向销售者要求赔偿，也可以向生产者要求赔偿，属于生产者责任的，销售者赔偿后，有权向生产者追偿，属于销售者责任的，生产者赔偿后，有权向销售者追偿；消费者在购买、使用商品或者接受服务时，其合法权益受到损害，因原企业分立、合并的，可以向变更后承受其权利义务的企业要求赔偿；使用他人营业执照的违法经营者提供商品或者服务，损害消费者合法权益的，消费者可以向其要求赔偿，也可以向营业执照的持有人要求赔偿；消费者在展销会、租赁柜台购买商品或者接受服务，其合法权益受到损害的，可以向销售者或者服务者要求赔偿；消费者因经营者利用虚假广告提供商品或者服务，其合法权益受到损害的，可以向经营者要求赔偿，广告的经营者发布虚假广告的，消费者可以请求行政主管部门予以惩处，广告的经营者不能提供经营者的真实名称、地址的，应当承担赔偿责任。

第七章　法律责任。列出了经营者提供商品或者服务有以下九方面情形之一的，除另有规定外，应当依照《中华人民共和国产品质量法》和其他有关法律、法规的规定，承担民事责任；经营者提供商品或者服务，造成消费者或者其他受害人人身伤害的或死亡的，分别应当支付的费用，构成犯罪的，依法追究刑事责任；经营者侵害消费者的人格尊严或者侵犯消费者人身自由的，应当停止侵害、恢复名誉、消除影响、赔礼道歉，并赔偿损失；经营者提供商品或者服务，造成消费者财产损害的，应当按照消费者的要求，以修理、重做、更换、退货、补足商品数量、退还货款和服务费用或者赔偿损失等方式承担民事责任；依法经有关行政部门认定为不合格的商品，消费者要求退货的，经营者应当负责退货，经营者提供商品或者服务有欺诈行为的，应当按照消费者的要求增加赔偿其受到的损失，增加赔偿的金额为消费者购买商品的价款或者接受服务的费用的一倍；对于经营者的一些不法情形，《中华人民共和国产品质量法》和其他有关法律、法规对处罚机关和处罚方式有规定的，依照法律、法规的规定执行，法律、法规未作规定的，由工商行政管理部门责令改正，可以根据情节单处或者并处警告、没收违法所得、处以违法所得一倍以上五倍以下的罚款，没有违法所得的，处以一万元以下的罚款；情节严重的，责令停业整顿、吊销营业执照。

第八章　附则。规定农民购买、使用直接用于农业生产的生产资料，参照本法执行；《中华人民共和国消费者权益保护法》法自 1994 年 1 月 1 日起施行。

附录 1

中华人民共和国动物防疫法

1997 年 7 月 3 日第八届全国人民代表大会常务委员会
第二十六次会议通过

中华人民共和国主席令

（第八十七号）

《中华人民共和国动物防疫法》已由中华人民共和国第八届全国人民代表大会常务委员会第二十六次会议于 1997 年 7 月 3 日通过，现予公布，自 1998 年 1 月 1 日起施行。

中华人民共和国主席 **江泽民**
1997 年 7 月 3 日

中华人民共和国动物防疫法

1997 年 7 月 3 日第八届全国人民代表大会常务委员会
第二十六次会议通过

第一章　总　　则

第一条　为了加强对动物防疫工作的管理，预防、控制和扑灭动物疫病，促进养殖业发展，保护人体健壮，制定本法。

第二条　本法适用于在中华人民共和国领域内的动物防疫活动。进出境动物、动物产品的检疫，适用《中华人民共和国进出境动植物检疫法》。

第三条　本法所称动物，是指家畜家禽和人工饲养、合法捕获的其他动物。

本法所称动物产品，是指动物的生皮、原毛、精液、胚胎、种蛋以及未经加工的胴体、脂、脏器、血液、绒、骨、角、头、蹄等。

本法所称动物疫病，是指动物传染病、寄生虫病。

本法所称动物防疫，包括动物疫病的预防、控制、扑灭和动物、动物产品的检疫。

第四条　动物屠宰，依照本法对其胴体、头、蹄和内脏实施检疫、监督。经检疫合格作为食品的，其卫生检验、监督，依照《中华人民共和国食品卫生法》的规定办理。

第五条　国家对动物疫病实行预防为主的方针。

第六条　国务院畜牧兽医行政管理部门主管全国的动物防疫工作。

县级以上地方人民政府畜牧兽医行政管理部门主管本行政区域内的动物防疫工作。

县级以上人民政府所属的动物防疫监督机构实施动物防疫和动物防疫监督。

军队的动物防疫监督机构负责军队现役动物及军队饲养自用动物的防疫工作。

第七条　各级人民政府应当加强对动物防疫工作的领导。

第八条　国家鼓励、支持动物防疫的科学研究，推广先进的科学研究成果，普及动物防疫的科学知识，提高动物防疫水平。

第九条　在动物防疫工作、动物防疫科学研究中做出成绩和贡献的单位和个人，由人民政府或者畜牧兽医行政管理部门给予奖励。

第二章　动物疫病的预防

第十条　根据动物疫病对养殖业生产和人体健康的危害程度，本法规定管理的动物疫病分为下列三类：

（一）一类疫病，是指对人畜危害严重、需要采取紧急、严厉的强制预防、控制、扑灭措施的；

（二）二类疫病，是指可造成重大经济损失、需要采取严格控制、扑灭措施，防止扩散的；

（三）三类疫病，是指常见多发、可能造成重大经济损失、需要控制和净化的。

前款三类疫病的具体病种名录由国务院畜牧兽医行政管理部门规定并公布。

第十一条　国务院畜牧兽医行政管理部门应当制定国家动物疫病预防规划。

国务院畜牧兽医行政管理部门根据国内外动物疫情和保护养殖业生产及人体健康的需要，及时规定并公布动物疫病预防办法。

国家对严重危害养殖业生产和人体健康的动物疫病实行计划免疫制度，实施强制免疫。实施强制免疫的动物疫病病种名录由国务院畜牧兽医行政管理部门规定并公布。

实施强制免疫以外的动物疫病预防，由县级以上地方人民政府畜牧兽医行政管理部门制定计划，报同级人民政府批准后实施。

第十二条 国家应当采取措施预防和扑灭严重危害养殖业生产和人体健康的动物疫病。

预防和扑灭动物疫病所需的药品、生物制品和有关物资，应当有适量的储备，并纳入国民经济和社会发展计划。

第十三条 动物防疫监督机构应当加强对动物疫病预防的宣传教育和技术指导、技术培训、咨询服务，并组织实施动物疫病免疫计划。

乡、民族乡、镇的动物防疫组织应当在动物防疫监督机构的指导下，组织做好动物疫病预防工作。

第十四条 饲养、经营动物和生产、经营动物产品的单位和个人，应当依照本法和国家有关规定做好动物疫病的计划免疫、预防工作，并接受动物防疫监督机构的监测、监督。

第十五条 动物饲养场应当及时扑灭动物疫病。种畜、种禽应当达到国家规定的健康合格标准。

第十六条 动物、动物产品的运载工具、垫料、包装物应当符合国务院畜牧兽医行政管理部门规定的动物防疫条件。

染疫动物及其排泄物、染疫动物的产品、病死或者死因不明的动物尸体，必须按照国务院畜牧兽医行政管理部门的有关规定处理，不得随意处置。

第十七条 保存、使用、运输动物源性致病微生物的，应当遵守国家规定的管理制度和操作规程。因科研、教学、防疫等特殊需要，运输动物病料的，应当按照国家有关规定运输。

从事动物疫病科学研究的单位应当按照国家有关规定，对实验动物严格管理，防止动物疫病传播。

第十八条 禁止经营下列动物、动物产品：

（一）封锁疫区内与所发生动物疫病有关的；

（二）疫区内易感染的；

（三）依法应当检疫而未经检疫或者检疫不合格的；

（四）染疫的；

（五）病死或者死因不明的；

（六）其他不符合国家有关动物防疫规定的。

第三章 动物疫病的控制和扑灭

第十九条 国务院畜牧兽医行政管理部门统一管理并公布全国动物疫情，也可以根据需要授权省、自治区、直辖市人民政府畜牧兽医行政管理部门公布本行政区域内的动物疫情。

第二十条 任何单位或者个人发现患有疫病或者疑似疫病的动物，都应当及时向当地动物防疫监督机构报告，动物防疫监督机构应当迅速采取措施，并按照国家有关规定上报。

任何单位和个人不得瞒报、谎报、阻碍他人报告动物疫情。

第二十一条 发生一类动物疫病时，当地县级以上地方人民政府畜牧兽医行政管理部门应当立即派人到现场，划定疫点、疫区、受威胁区，采集病料，调查疫源，及时报请同级人民政府决定对疫区实行封锁，将疫情等情况逐级上报国务院畜牧兽医行政管理部门。

县级以上地方人民政府应当立即组织有关部门和单位采取隔离、扑杀、销毁、消毒、紧急免疫接种等强制性控制、扑灭措施，迅速扑灭疫病，并通报毗邻地区。

在封锁期间，禁止染疫和疑似染疫的动物、动物产品流出疫区，禁止非疫区的动物进入疫区，并根据扑灭动物疫病的需要对出入封锁区的人员、运输工具及有关物品采取消毒和其他限制性措施。

疫区范围涉及两上以上行政区域的，由有关行政区域共同的上一级人民政府决定对疫区实行封锁，或者由各有关行政区域的上一级人民政府共同决定对疫区实行封锁。

第二十二条 发生二类动物疫病时，当地县级以上地方人民政府畜牧兽医行政管理部门应当划定疫点、疫区、受威胁区。

县级以上地方人民政府应当根据需要组织有关部门和单位采取隔离、扑杀、销毁、消毒、紧急免疫接种、限制易感染的动物、动物产品及有关物品出入等控制、扑灭措施。

第二十三条 疫点、疫区、受威胁区和疫区封锁的解除，由原决定机关宣布。

第二十四条 发生三类动物疫病时，县级、乡级人民政府应当按照动物疫病预防计划和国务院畜牧兽医行政管理部门的有关规定，组织防治和净化。

第二十五条 二类、三类动物疫病呈暴发性流行时，依照本法第二十一条的规定办理。

第二十六条 为控制、扑灭重大动物疫情，动物防疫监督机构可以派人参加当地依法设立的现有检查站执行监督检查任务；必要时，经省、自治区、直辖市人民政府批准，可以设立临时性的动物防疫监督检查站，执行监督检查任务。

第二十七条 发生人畜共患疫病时，有关畜牧兽医行政管理部门应当与卫生行政部门及有关单位互相通报疫情。畜牧兽医行政管理部门、卫生行政部门及有关单位应当及时采取控制、扑灭措施。

第二十八条 疫区内有关单位和个人，应当遵守县级以上人民政府及其畜牧兽医行政管理部门依法作出的有关控制、扑灭动物疫病的规定。

第二十九条 发生动物疫情时，航空、铁路、公路、水路等运输部门应当优先运送控制、扑灭疫情的人员和有关物资，电信部门应当及时传递动物疫情报告。

第四章 动物和动物产品的检疫

第三十条 动物防疫监督机构按照国家标准和国务院畜牧兽医行政管理部门规定的行业标准、检疫管理办法和检疫对象，依法对动物、动物产品实施检疫。

第三十一条 动物防疫监督机构设动物检疫员具体实施动物、动物产品检疫。动物检疫员应当具有相应的专业技术，具体资格条件和资格证书颁发办法由国务院畜牧兽医行政管理部门规定。

县级以上畜牧兽医行政管理部门应当加强动物检疫员的培训、考核和管理。动物检疫员取得相应的资格证书后，方可上岗实施检疫。

动物检疫员应当按照检疫规程实施检疫，并对检疫结果负责。

第三十二条 国家对生猪等动物实行定点屠宰、集中检疫。

省、自治区、直辖市人民政府规定本行政区域内实行定点屠宰、集中检疫的动物种类和区域范围；具体屠宰场（点）由市（包括不设区的市）、县人民政府组织有关部门研究确定。

动物防疫监督机构对屠宰（点）屠宰的动物实行检疫并加盖动物防疫监督机构统一使用的验讫印章。国务院畜牧兽医行政管理部门、商品流通行政管理部门协商确定范围内的屠宰厂、肉类联合加工厂的屠宰检疫按照国务院的有关规定办理，并依法进行监督。

第三十三条 农民个人自宰自用生猪等动物的检疫，由省、自治区、直辖市人民政府制定管理办法。

第三十四条 动物防疫监督机构依法进行检疫，按照国务院财政、物价行政管理部门的规定收取检疫费用，不得加收其他费用，也不得重复收费。

第三十五条 动物防疫监督机构不得从事经营性活动。

第三十六条 国内异地引进种用动物及其精液、胚胎、种蛋的，应当先到当地动物防疫监督机构办理检疫审批手续并须检疫合格。

第三十七条 人工捕获的可能传播动物疫病的野生动物，须经捕获地或者接收地的动物防疫监督机构检疫合格，方可出售和运输。

第三十八条 经检疫合格的动物、动物产品，由动物防疫监督机构出具检疫证明，动物产品同时加盖或者加封动物防疫监督机构使用的验讫标志。

经检疫不合格的动物、动物产品，由货主在动物检疫员监督下作防疫消毒和其他无害化处理；无法作无害化处理的，予以销毁。

第三十九条 动物凭检疫证明出售、运输、参加展览、演出和比赛。动物产品凭检疫证明、验讫标志出售和运输。

第四十条　检疫证明不得转让、涂改、伪造。

检疫证明的格式和管理办法，由国务院畜牧兽医行政管理部门制定。

第五章　动物防疫监督

第四十一条　动物防疫监督机构依法对动物防疫工作进行监督。

动物防疫监督机构在执行监测、监督任务时，可以对动物、动物产品采样、留验、抽检，对没有检疫证明的动物、动物产品进行补检或者重检，对染疫或者疑似染疫的动物和染疫的动物产品进行隔离、封存和处理。

第四十二条　经铁路、公路、水路、航空运输动物、动物产品的，托运人必须提供检疫证明方可托运；承运人必须凭检疫证明方可承运。

动物防疫监督机构有权对动物、动物产品运输依法进行监督检查。

第四十三条　动物防疫监督工作人员执行监督检查任务时，应当出示证件，有关单位和个人应当给予支持、配合。

动物防疫监督机构及人员进行动物防疫监督检查，不得收取费用。

第四十四条　动物饲养场所、储存场所、屠宰厂、肉类联合加工厂、其他定点屠宰场（点）和动物产品冷藏场所的工程的选址和设计，应当符合国务院畜牧兽医行政管理部门规定的动物防疫条件。

第四十五条　动物饲养场、屠宰厂、肉类联合加工厂和其他定点屠宰场（点）等单位，从事动物饲养、经营和动物产品生产、经营活动，应当符合国务院畜牧兽医行政管理部门规定的动物防疫条件，并接受动物防疫监督机构的监督检查。

从事动物诊疗活动，应当具有相应的专业技术人员，并取得畜牧兽医行政管理部门发放的动物诊疗许可证。

患有人畜共患传染病的人员不得直接从事动物诊疗以及动物饲养、经营和动物产品生产、经营活动。

第六章　法 律 责 任

第四十六条　违反本法规定，有下列行为之一的，由动物防疫监督机构给予警告；拒不改正的，由动物防疫监督机构依法代作处理，处理所需费用由违法行为人承担：

（一）对饲养、经营的动物不按照动物疫病的强制免疫计划和国家有关规定及时进行免疫接种和消毒的；

（二）对动物、动物产品的运载工具、垫料、包装物不按照国家有关规定清洗消毒的；

（三）不按照国家有关规定处置染疫动物及其排泄、染疫动物的产品、病死或者死因不明的动物尸体的。

第四十七条 违反本法第十七条规定，保存、使用、运输动物源性致病微生物或者运输动物病料的，由动物防疫监督机构给予警告，可以并处二千元以下的罚款。

第四十八条 违反本法规定，经营下列动物、动物产品的，由动物防疫监督机构责令停止经营，立即采取有效措施收回已售出的动物、动物产品，没收违法所得和未售出的动物、动物产品；情节严重的，可以并处违法所得五倍以下的罚款：

（一）封锁疫区内的与所发生动物疫病有关的；

（二）疫区内易感染的；

（三）依法应当检疫而检疫不合格的；

（四）染疫的；

（五）病死或者死因不明的；

（六）其他不符合国家有关动物防疫规定的。

第四十九条 违反本法规定，经营依法应当检疫而没有检疫证明的动物、动物产品的，由动物防疫监督机构责令停止经营，没收违法所得；对未售出的动物、动物产品，依法补检，并依照本法第三十八条的规定办理。

第五十条 违反本法第四十二条规定，不执行凭检疫证明运输动物、动物产品的规定的，由动物防疫监督机构给予警告，责令改正；情节严重的，可以对托运人和承运人分别以运输费用三倍以下的罚款。

第五十一条 转让、涂改、伪造检疫证明的，由动物防疫监督机构没收违法所得，收缴检疫证明；转让、涂改检疫证明的，并处二千元以上五千元以下的罚款，违法所得超过五千元的，并处违法所得一倍以上三倍以下的罚款；伪造检疫证明的，并处一万元以上三万元以下的罚款，违法所得超过三万元的，并处违法所得一倍以上三倍以下的罚款；构成犯罪的，依法追究刑事责任。

第五十二条 违反本法第四十五条第一款规定，从事动物饲养、经营和动物产品生产、经营活动的单位的动物防疫条件不符合规定的，由动物防疫监督机构给予警告、责令改正；拒不改正的，并处一万元以上三万元以下的罚款。

第五十三条 违反本法规定，单位瞒报、谎报或者阻碍他人报告动物疫情的，由动物防疫监督机构给予警告，并处二千元以上五千元以下的罚款；对负有直接责任的主管人员和其他直接责任人员，依法给予行政处分。

第五十四条 违反本法规定，逃避检疫，引起重大动物疫情，致使养殖业生产遭受重大损失或者严重危害人体健康的，依法追究刑事责任。

第五十五条 动物检疫员违反本法规定，对未经检疫或者检疫不合格的动物、动物产品出具检疫证明、加盖验讫印章的，由其所在单位或者上级主管机关给予记过或者撤销动物检疫员资格的处分；情节严重的，给予开除的处分。

因前款规定的违法行为给有关当事人造成损害的，由动物检疫员所在单位承担赔偿责任。

第五十六条　动物防疫监督工作人员滥用职权，玩忽职守，徇私舞弊，隐瞒和延误疫情报告，伪造检疫结果，构成犯罪的，依法追究刑事责任；尚不构成犯罪的，依法给予行政处分。

第五十七条　阻碍动物防疫监督工作人员依法执行职务，构成犯罪的，依法追究刑事责任；尚不构成犯罪的，依法给予治安管理处罚。

第七章　附　　则

第五十八条　本法自1998年1月1日起施行。

附录 2

肉类加工厂卫生规范

主题内容与适用范围 本规范规定了肉类加工厂的设计与设施、卫生管理、加工工艺、成品储藏和运输的卫生要求。

1. 本规范适用于屠宰猪、牛、羊和生产分割肉与肉制品的工厂。本规范中“加工过程中的卫生”暂以猪为主，牛、羊部分将另行制定国家标准。

2. 引用标准

GB 2722—1981 鲜猪肉卫生标准

GB 2723—1981 鲜牛肉、鲜羊肉、鲜兔肉卫生标准

GB 2760—1996 食品添加剂使用卫生标准

GB 5749—2006 生活饮用水卫生标准

GB 7718—1994 食品标签通用标准

3. 术语

3.1 屠体：指肉畜经屠宰、放血后的躯体。

3.2 胴体：指肉畜经屠宰、放血后除去鬃毛、内脏、头、尾及四肢下部（腕及关节以下）后的躯体部分。

3.3 分割肉：胴体去骨后按规格要求分割成带肥膘或不带肥膘各部位的净肉。

3.4 肉制品：指以猪、牛、羊肉为主要原料，经酱、卤、熏、烤、腌、蒸煮等任何或一种或多种加工方法而制成的生或熟肉制品。

3.5 有条件可食肉：指必须经过高温、冷冻或其他有效方法处理，达到卫生要求，人食无害的肉。

3.6 化制：指将不符合卫生要求（不可食用）的屠体或其病变组织、器官、内脏等，经过干法或湿法处理，达到对人、畜无害的处理过程。

4. 工厂设计与设施的卫生

4.1 选址

4.1.1 肉类联合加工厂、屠宰厂、肉制品厂应建在地势较高，干燥，水源充足，交通方便，无有害气体、灰沙及其他污染源，便于排放污水的地区。

4.1.2 肉类联合加工厂、屠宰厂不得建在居民稠密的地区。肉制品加工厂（车间）经

当地城市规划、卫生部门批准，可建在城镇适当地点。

4.2 厂区道路

4.2.1 道路两侧应绿化。厂区主要道路和进入厂区的主要道路（包括车库或车棚）应铺设适于车辆通行的坚硬路面（如混凝土或沥青路面）。路面应平坦，无积水，厂区应有良好的给水、排水系统。

4.2.2 厂区内不得有臭水沟、垃圾堆或其他有碍卫生的场所。

4.3 布局

4.3.1 生产作业区应与生活区分开设置。

4.3.2 运送活畜与成品出厂不得共用一个大门；厂内不得共用一个通道。

4.3.3 为防止交叉污染，原料、辅料、生肉、熟肉和成品的存放场所（库）必须分开设置。

4.3.4 各生产车间的设置位置以及工艺流程必须符合卫生要求。肉类联合加工厂的生产车间一般应按饲养、屠宰、分割、加工、冷藏的顺序合理设置。

4.3.5 化制间、锅炉房与储煤场所、污水与污物处理设施应与分割肉车间和肉制品车间间隔一定距离，并位于主风向下风处。锅炉房必须设有消烟除尘设施。

4.3.6 生产冷库应与分割肉和肉制品车间直接相连。

4.4 厂房与设施

4.4.1 厂房与设施必须结构合理、坚固，便于清洗和消毒。

4.4.2 厂房与设施应与生产能力相适应，厂房高度应能满足生产作业、设备安装与维修、采光与通风的需要。

4.4.3 厂房与设施必须设有防止蚊、蝇、鼠及其他害虫侵入或隐匿的设施，以及防烟雾、灰尘的设施。

4.4.4 厂房地面：应使用防水、防滑、不吸潮、可冲洗、耐腐蚀、无毒的材料；坡度应为1%～2%（屠宰车间应在2%以上）；表面无裂缝、无局部积水，易于清洗和消毒；明地沟应呈弧形，排水口须设网罩。

4.4.5 厂房墙壁与墙柱：应使用防水、不吸潮、可冲洗、无毒、淡色的材料；墙裙应贴或涂刷不低于2 m的浅色瓷砖或涂料；顶角、墙角、地角呈弧形，便于清洗。

4.4.6 厂房天花板：应表面涂层光滑，不易脱落，防止污物积聚。

4.4.7 厂房门窗：应装配严密，使用不变形的材料制作。所有门、窗及其他开口必须安装易于清洗和拆卸的纱门、纱窗或压缩空气幕，并经常维修，保持清洁；内窗台须下斜45°或采用无窗台结构。

4.4.8 厂房楼梯及其他辅助设施：应便于清洗、消毒，避免引起食品污染。

4.4.9 屠宰车间必须设有兽医卫生检验设施，包括同步检验、对号检验、旋毛虫检验、内脏检验、化验室等。GB 12694—1990。

4.4.10 待宰车间的圈舍容量一般应为日屠宰量的一倍。圈舍内应防寒、隔热、通风，并应设有饲喂、宰前淋浴等设施。车间内应设有健畜圈、疑似病畜圈、病畜隔离圈、急宰间和兽医工作室。

4.4.11 待宰区应设肉畜装卸台和车辆清洗、消毒等设施，并应设有良好的污水排放系统。

4.4.12 生产冷库一般应设有预冷间（0～4℃）、冻结间（－23℃以下）和冷藏间（－18℃以下）。所有冷库（包括肉制品车间的冷藏室）应安装温度自动记录仪或温度湿度计。

4.5 供水

4.5.1 生产供水：工厂应有足够的供水设备，水质必须符合 GB 5749—2006 的规定。如需配备储水设施，应有防污染措施，并定期清洗、消毒。使用循环水时必须经过处理，达到上述规定。

4.5.2 制冰供水：应符合 GB 5749—2006 的规定。制冰及储存过程中应防止污染。

4.5.3 其他供水：用于制汽、制冷、消防和其他类似用途而不与食品接触的非饮用水，应使用完全独立、有鉴别颜色的管道输送，并不得与生产（饮用）水系统交叉连接或倒吸于生产（饮用）水系统中。

4.6 卫生设施

4.6.1 废弃物临时存放设施 应在远离生产车间的适当地点设置废弃物临时存放设施。其设施应采用便于清洗，消毒的材料制作；结构应严密，能防止害虫进入，并能避免废弃物污染厂区和道路。

4.6.2 废水、废汽（气）处理系统 必须设有废水、废汽（气）处理系统，保持良好状态。废水、废汽（气）的排放应符合国家环境保护的规定。厂内不得排放有害气体和煤烟。生产车间的下水道口须设地漏、铁箅。废汽（气）排放口应设在车间外的适当地点。

4.6.3 更衣室、淋浴室、厕所 必须设有与职工人数相适应的更衣室、淋浴室、厕所。更衣室内须有个人衣物存放柜、鞋架（箱）。车间内的厕所应与操作间的走廊相连，其门、窗不得直接开向操作间；便池必须是水冲式；粪便排泄管不得与车间内的污水排放管混用。

4.6.4 洗手、清洗、消毒设施

4.6.4.1 生产车间进口处及车间内的适当地点，应设热水和冷水洗手设施，并备有洗手剂。

4.6.4.2 分割肉和熟肉制品车间及其成品库内，必须设非手动式的洗手设施。如使用一次性纸巾，应设有废纸巾储存箱（桶）。

4.6.4.3　车间内应设有工器具、容器和固定设备的清洗、消毒设施，并应有充足的冷、热水源。这些设施应采用无毒、耐腐蚀、易清洗的材料制作，固定设备的清洗设施应配有食用级的软管。GB 12694—1990。

4.6.4.4　车库、车棚内应设有车辆清洗设施。

4.6.4.5　活畜进口处及病畜隔离间、急宰间、化制车间的门口，必须设车轮、鞋靴消毒池。

4.6.4.6　肉制品车间应设清洗和消毒室。室内应备有热水消毒或其他有效的消毒设施，供工器具、容器消毒用。

4.7　设备和工器具

4.7.1　接触肉品的设备、工器具和容器，应使用无毒、无气味、不吸水、耐腐蚀、经得起反复清洗与消毒的材料制作；其表面应平滑、无凹坑和裂缝。禁止使用竹木工器具和容器。

4.7.2　固定设备的安装位置应便于彻底清洗、消毒。

4.7.3　盛装废弃物的容器不得与盛装肉品的容器混用。废弃物容器应选用金属或其他不渗水的材料制作。不同的容器应有明显的标志。

4.8　照明　车间内应有充足的自然光线或人工照明。照明灯具的光泽不应改变被加工物的本色，亮度应能满足兽医检验人员和生产操作人员的工作需要。吊挂在肉品上方的灯具，必须装有安全防护罩，以防灯具破碎而污染肉品。车库、车棚等场所应有照明设施。

4.9　通风和温控装置　车间内应有良好的通风、排气装置，及时排除污染的空气和水蒸气。空气流动的方向必须从净化区流向污染区。通风口应装有纱网或其他保护性的耐腐蚀材料制作的网罩。纱网或网罩应便于装卸和清洗。分割肉和肉制品加工车间及其成品冷却间、成品库应有降温或调节温度的设施。

5. 工厂的卫生管理

5.1　实施细节培训

5.1.1　工厂应根据本规范的要求，制定卫生实施细则。

5.1.2　工厂和车间都应配备经培训合格的专职卫生管理人员，按规定的权限和责任负责监督全体职工执行本规范的有关规定。

5.2　维修、保养　厂房、机械设备、设施、给排水系统，必须保持良好状态。

正常情况下，每年至少进行一次全面检修，发现问题应及时检修。

5.3　清洗、消毒

5.3.1　生产车间内的设备、工器具、操作台应经常清洗和进行必要的消毒。

5.3.2　设备、工器具、操作台用洗涤剂或消毒剂处理后，必须再用饮用水彻底冲洗干净，除去残留物后方可接触肉品。